掌握高明的竞争理论，学做生活的策略高手

博弈制胜术

BOYI ZHISHENGSHU

一本教你如何正确掌控人生成败的智慧书！

人生是一场永不停止的博弈游戏，每一次得失，每一步进退，每一个选择和放弃都事关成败，懂得博弈制胜才能更好地生存和发展。

赵凡 / 编著

精华版

北京理工大学出版社
BEIJING INSTITUTE OF TECHNOLOGY PRESS

图书在版编目（CIP）数据

博弈制胜术/赵凡编著. —北京：北京理工大学出版社，
2010. 10（2014. 7重印）
　ISBN 978 - 7 - 5640 - 3609 - 6

　Ⅰ.①博… Ⅱ.①赵… Ⅲ.①成功心理学 - 通俗读物
Ⅳ.①B848. 4 - 49

中国版本图书馆 CIP 数据核字（2010）第 154627 号

出版发行／北京理工大学出版社
社　　　址／北京海淀区中关村南大街 5 号
邮　　　编／100081
电　　　话／(010) 68914775（总编室）　68944990（批销中心）
　　　　　　68911084（读者服务部）
网　　　址／http：//www. bitpress. com. cn
经　　　销／全国各地新华书店
印　　　刷／北京市通州京华印刷制版厂
开　　　本／710 毫米 ×1000 毫米　　1/16
印　　　张／18
字　　　数／166 千字
版　　　次／2010 年 10 月第 1 版　2014年7月第3次印刷　　　　责任校对／陈玉梅
定　　　价／32. 00 元　　　　　　　　　　　　　　　　　　　责任印制／母长新

序　言

　　博弈又称博戏，是一门古老的游戏。千百年来，博弈更是与人们的生活紧紧相连，从围棋、象棋到马吊、纸牌，一直到各种各样的彩票游戏……于是我们的历史长河中就这样形成了别具风情的博弈文化。因此，博弈是指在一定的游戏规则约束下，基于直接相互作用的环境条件，各参与人依靠所掌握的信息，选择各自策略（行动），以实现利益最大化和风险成本最小化的过程。

　　当然，简单来说就是人与人之间为了谋取利益而进行的各种竞争行为。在这类行为中，参加斗争或竞争的各方各自具有不同的目标或利益。为了达到各自的目标和利益，各方必须考虑对手的各种可能的行动方案，并力图选取对自己最为有利或最为合理的方案。

　　人们的工作和生活，就可以看做是永不停息的博弈决策过程。人们每天从一早醒来就必须不断地作决定，我们日复一日决定早餐要吃什么，直到养成固定的饮食习惯；要不要到超市疯狂采购一番；要不要看场电影、散散步、买部车、把菜吃完；在转盘赌局里下红或是下黑；甚至读一本书……不管有意无意，深思熟虑或一时冲动，我们的每一个决定其实就是我们内心博弈的结果。

　　除了上面这些生活中的小事，还有更重大的：比如我们想从事什么样的工作、该和谁去合作、如何开一家公司、怎样打败竞争对手、怎么开展自己的社交活动、要不要跳槽等，这些都是人生重大决策的例子。

在这些决策中，存在一个共同的因素，那就是我们并不是一个人在作决定，在一个毫无干扰的真空世界里作决定。相反，我们的身边充斥着和我们一样的决策者，他们的选择与我们的选择相互作用。这种互动关系自然会对我们的思维和行动产生重要的影响，而且别人的选择和决策直接影响着我们的决策结果。因此我们就要直面与人的博弈问题了。

在人与人的博弈中，我们必须意识到：我们的家人、我们的竞争对手、我们的同事和领导乃至我们的朋友们都是聪明而有主见的人，是关心自己利益的活生生的人，而不是被动的和中立的角色。一方面，他们的目标常常与我们的目标发生冲突；另一方面，他们当中包含着无限合作的可能。因此，在我们作决定和选择的时候，必须将这些冲突考虑在内，同时注意发挥合作因素的作用。

总之，本书告诉我们无论处世、爱情与婚姻、职场、管理，还是做人和谈判，博弈渗透到了我们生活和事业的每一个角落，为了自己，也为了与他人更好地合作，寻求个人和社会利益的最大化，我们都需要学习一点博弈的策略和方法。

只有深刻地领悟和理解博弈的精髓，并且充分发挥博弈的智慧，我们才能更理性地面对我们的生活和事业，尽可能地避免一些不必要的损失。正如著名经济学家保罗·萨缪尔森所说的那样："要想在现代社会做一个有文化的人，我们必须对博弈论有一个大致了解。"

记住：永远拥有博弈的智慧，我们的人生也许会有一个全新的开始！

目 录

第 *1* 章　博弈人生——生活无处不博弈

你的生活就是在博弈 ·· 3

博弈是一种生活常识 ·· 4

博弈为人生作了铺垫 ·· 5

小博弈，大智慧 ··· 9

做人中的博弈智慧 ·· 12

每天学点博弈论 ·· 17

第 *2* 章　懂得博弈——用智慧装点你的人生

有互动就会有博弈 ·· 21

博弈是一种竞合游戏 ·· 23

懂一点博弈的基本术语 ·· 27

搞清楚博弈的要素 ·· 31

弄明白博弈的类型 ·· 33

第 3 章　困境博弈——两难境地如何选择

为什么会互相背叛 …………………………………………… 37

不可不谈的利益原则 ………………………………………… 38

囚徒策略与懦夫困境 ………………………………………… 41

巧用囚徒博弈降低成本 ……………………………………… 42

利用困境，解决难题 ………………………………………… 45

面对困境，谨慎为上 ………………………………………… 48

走出困境的两种方式 ………………………………………… 51

坚持到底才能成为赢家 ……………………………………… 55

第 4 章　信息博弈——用好你手中最有价值的筹码

信息是博弈的筹码 …………………………………………… 61

信息的提取和甄别 …………………………………………… 62

公共信息下的锦囊妙策 ……………………………………… 64

信息不对称下的制胜之道 …………………………………… 68

没有信息时善于等待时机 …………………………………… 70

机会是博弈制胜的关键 ……………………………………… 72

第 5 章　零和博弈——巧妙衡量自己的利弊得失

有赢有输的零和博弈 ………………………………………… 77

两败俱伤的"负和博弈" …………………………………… 79

互利互惠的"正和博弈" …………………………………… 82

非零和博弈的运用 …………………………………………… 84

从零和博弈到合作双赢 ……………………………………… 87

第6章　强弱博弈——从弱者转化为强者的策略

强者往往是规则的制定者 …………………………… 91

避免与强者以卵击石 ………………………………… 92

学一点韬光养晦策略 ………………………………… 94

弱势变强势的谋划之道 ……………………………… 96

强弱博弈的借力用力 ………………………………… 98

优未必胜，劣未必汰 ………………………………… 100

木秀于林，风必摧之 ………………………………… 104

劣势很可能是优势 …………………………………… 107

两个弱者之和大于二 ………………………………… 111

第7章　进退博弈——面对危险如何选择

斗鸡博弈中的进退之道 ……………………………… 117

学会牵着对方鼻子走 ………………………………… 120

用点以退为进的手腕 ………………………………… 123

用一点"威慑战略" …………………………………… 126

究竟如何选择你的道路 ……………………………… 129

面对威胁和承诺，怎么办 …………………………… 131

契约为何成为一纸空文 ……………………………… 137

第8章　合作博弈——用团队的力量去获取胜利

学会与他人合作 ……………………………………… 147

一根筷子与一束筷子 ………………………………… 150

众人一心，其利断金 ………………………………… 152

既要合作还要分工 ·· 156

取长补短才能快速前进 ·· 160

优势互补赢得成功 ·· 163

覆巢之下，焉有完卵 ··· 167

第 9 章 处世博弈——理性地面对生活中的事情

理性与非理性的博弈 ··· 173

把优势变成生存的资本 ·· 174

欲望博弈中的选择 ·· 178

人际交往中的心理博弈 ·· 180

处世能方，更要会圆 ··· 182

第 10 章 职场博弈——职场要遵守的黄金法则

"智猪博弈"的职场启示 ··· 189

职场里成功的秘诀 ·· 193

不进则退的职场博弈 ··· 194

职场中的改善关系原则 ·· 200

怎样跳槽才是合算的 ··· 203

第 11 章 管理博弈——做一个高效的管理者

绩效考核中的博弈 ·· 209

企业制度中的博弈 ·· 212

用人制度中的博弈 ·· 214

企业与员工的双赢博弈 ·· 216

激励制度后面的信用博弈 ······································· 219

胡萝卜与大棒在手 ································· 220

管理中的利益关系 ································· 224

第 *12* 章　谈判博弈——需求己方利益的最大化

讨价还价的智慧 ································· 229

准备充分很重要 ································· 233

搞清楚对手的底牌 ································· 236

抓住对方心理才能搞定 ····························· 238

转移对方的注意力 ································· 241

用小妥协实现大目标 ······························ 244

第 *13* 章　舍弃博弈——果断放弃应该放弃的东西

当断不断其自乱 ································· 249

舍小部，保大局 ································· 252

放弃的态度一定要坚决 ····························· 255

学会选择，学会放弃 ······························ 257

第 *14* 章　爱情博弈——浪漫的爱情也是要动脑子的

浪漫的爱情也需要博弈 ····························· 263

谁先动谁就更有主动 ······························ 266

爱情里的"麦穗理论" ····························· 268

爱情里的优势策略 ································· 270

婚姻是不可预期的 ································· 272

博弈制胜

第一章

博弈人生——生活无处不博弈

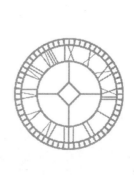

  人的一生可以看成是由无数的博弈组成的，上什么大学，选择什么专业，从事什么样的工作等都是一个个的博弈，甚至早上我们几点起床，要不要吃早饭，走哪一条路线上班，今天买什么菜，晚上怎么度过都离不开博弈，最终博弈的结果会影响我们的人生。

你的生活就是在博弈

博弈与生活关系密切，它可以解释我们生活中的各种关系，朋友、婚姻、工作无一不与博弈有关。

我们的生活中充满了博弈，即使是琐事往往也能体现出博弈来。

举一个最简单的例子。吸烟伤肺，不吸烟却又伤心，烟民是选择抽烟还是不抽烟，这就需要进行权衡。如果这个烟民非单身贵族，而是有妻子或女友，这种情况下就很有可能形成一个博弈。这也就是，博弈者的身边充斥着具有主观能动性的决策者，他们的选择与其他博弈者的选择相互作用、相互影响。这种互动关系自然会对博弈各方的思维和行动产生重要的影响，有时甚至直接影响其他参与者的决策结果。

再比如，有七个人组成的一个小团体共同生活，他们想用非暴力的方式解决吃饭问题——分食一锅粥，但是没有任何容器称量。怎么办呢？这样的小事只要善于运用博弈论就非常好解决了。他们是怎么把博弈论运用到这件事情上的呢？

大家试验了这样一些方法：

方法一：拟定一人负责分粥事宜。很快大家就发现这个人为自己分的粥最多，于是换了人，结果总是主持分粥的人碗里的粥最多最好。结论：权力导致腐败，绝对的权力导致绝对的腐败。

方法二：大家轮流主持分粥，每人一天。虽然看起来平等了，但是每个人在一周中只有一天吃得饱且有剩余，其余六天都饥饿难耐。结论：资源浪费。

方法三：选举一位品德尚属上乘的人，还能维持基本公平，但不久他就开始为自己和溜须拍马的人多分。结论：毕竟人不是神！

方法四：选举一个分粥委员会和一个监督委员会，形成监督和制约。公平基本做到了，可是由于监督委员会经常提出多种议案，分粥委员会又据理力争，等粥分完，早就凉了！结论：类似的政府机构比比皆是！

方法五：每人轮流值日分粥，但是分粥的人最后一个领粥。结果呢？每次七只碗里的粥都是一样多，就像科学仪器量过的一样。

怎么样？以博弈论解决喝粥问题，最后大家都高高兴兴地喝粥。这就是博弈论在生活中的妙用。

博弈是一种生活常识

每个人都要学会用自己的智慧来生活，让自己在社会上活得更加出色，在博弈组成的人生中赢得更多，效用最大。我们没有办法脱离社会，那么能做的就只有融入社会，做一个强大的社会人。

博弈还是一种生活中的常识。出租车涨价了，打车的人都会掂量一下，还要不要打车呢？听说牛奶要涨价了，电费要涨了，排队买奶粉、买电的人是不是排成了长龙呢？你在买菜的时候，还要货比三家，卖菜的大婶赶紧说："还不放心呀，我可是天天都在这儿卖的，大家都知道我的菜最好了。"于是你也就买了。

这些其实都是一种无意识的博弈，它不需要我们故意绞尽脑汁，也不像谈判一样激烈，只是一件很简单的、很平常的事情。

所以人的一生可以看成是由无数的博弈组成的，上哪一所大学，选择什么专业，从事什么样的职业，与什么样的人合作，甚至要不要结婚、什么时候结婚、和谁结婚等都是一个个博弈，而这些只不过是人生中的几件重要事件而已，其他的博弈更是数不胜数。比如每天早上我们几点起床，要不要吃早饭，走哪一条路线上班，要不要微笑面对工作中的问题，要不要快乐地生活，这都是博弈。

实际上，这种利益的争夺正是博弈的目的，也是形成博弈的基础。在现代经济学上，对此都有专门的研究，最基本的假设就是经济人的效用最大化，参与博弈的博弈者正是为了自身效用的最大化而互相争斗。而对方也为了在社会上生存，大家就形成了一种对抗的关系，以争取己方的效用最大化，而一定的外部条件又决定了竞争和对抗的具体形式，这就形成了博弈。

所以说，每个人从生下来开始就要为生存而不断地进行着与人、与环境的抗争活动，从出生的哇哇大哭到死后还要占有一席之地都是如此。而在活着的几十年里面，如果不和社会上的人、环境联系的话，也是活不下去的。因此，每个人都是社会的，也同时和社会进行着博弈。

☙ 博弈为人生作了铺垫 ❧

博弈组成的人生其实是很丰富的，仔细想想自己的人生就会发现，每一种博弈的选择都给自己的将来作了一定的铺垫。

我们每个人都想要一个美好的旅程，但我们要记住只有选择好了才会让自己更加成功。

首先，我们要学会接受无处不在的博弈这个观点，不管你怎么去看待这个问题，它都是一个事实，对于不可改变的事实，我们能做的事情就只有去接受它，客观地看待它，这样才能更客观地做好它。

其次，就是要认识到博弈的作用，它能为我们带来什么，这个理论的运用使我们的生活发生了什么样的改变。

其实博弈原理弄清楚了，作用是很大的，第一个就是能给我们带来信心，让我们感到亲切和熟悉。

春秋战国时期，吴越两国都是当时的小国，吴王夫差把越国打得只剩下五千甲兵，躲在会稽山上惶惶不可终日。越王勾践被迫向吴国求和，送了一大批的珠宝美玉，最后还被迫亲自和夫人、大臣一起去吴国做奴隶才暂时保住了国家。勾践的忍辱负重让骄傲的吴王以为勾践屈服了。

勾践给夫差当了三年马夫。夫差每次坐车出去，勾践就给他拉马，这样过了三年，夫差认为勾践真心归顺了他，就放勾践回国了。

勾践回到越国后，立志报仇雪耻。他唯恐眼前的安逸消磨了志气，在吃饭的地方挂上一个苦胆，每逢吃饭的时候，就先尝一尝苦胆，还问自己："你忘了会稽的耻辱吗？"他还把席子撤去，用柴草当做褥子。这就是后来人们传诵的"卧薪尝胆"。

勾践决定要使越国富强起来，他亲自参加耕种，叫他的夫人自己织布，来鼓励生产。因为越国遭到亡国的灾难，人口大大减少，他制定出奖励生育的制度。他叫文种管理国家大事，叫范蠡训练人马，自己虚心听从别人的意见，救济贫苦的百姓。全国的老百姓都巴不得多加一把劲，好叫这个受欺压的国家变成强国。

经过"十年生聚，十年教训"，越国重新复兴，最后一举灭掉了骄傲的夫差，成为春秋战国时期的最后一任霸主。

这个故事是以弱灭强的典型例子，可以看得出来暂时的强弱并不能和胜负画上必然的等号，弱小的一方用策略同样可以战胜对方，所以，博弈让我们有信心战胜对手。而博弈其实和古人的对弈是相通的，都是双方或者多方的对峙，自己要全面分析自己和他人的实力，获得足够的信息，根据对方的策略作出自己的策略，以求一胜。

无独有偶，当年著名的故事"田忌赛马"也是这样，田忌经常与齐国诸公子赛马，设重金赌注。孙膑发现他们的马脚力都差不多，可分为上、中、下三等。于是孙膑对田忌说："您只管下大赌注，我能让您取胜。"田忌相信并答应了他，与齐王和诸公子用千金来赌注。比赛即将开始，孙膑说："现在用您的下等马对付他们的上等马，拿您的上等马对付他们的中等马，拿您的中等马对付他们的下等马。"三场比赛完后，田忌一场输而两场胜，最终赢得齐王的千金赌注。

其实博弈这一整套的理论到应用对我们而言都是很熟悉的，没有什么特殊化，无论是上层的贵族还是下层的放牛娃，都早已在生活中被广泛应用了。

第二个就是博弈的理论能让我们理智，能让我们进行均衡的考虑。均衡的原理是什么呢？就是根据对方的策略采取对自己最有利的方法，最后的结果往往是双方都没有得到最好的利益，而是双方都得到了最坏的结果。像勾践这样的大胜利在生活中并不多见，这样的事情风险太大，因为作为"全输"的一方很容易"豁出去"，想要拼个鱼死网破，最后的结果肯定都不会怎么样。

而且即使是吴越争霸中也有均衡的对策，试想当年夫差在会稽山中为什么要接受勾践的投降？勾践当时有两种选择，如果夫差不接受投降，可以率领最后的人马决一死战，那么国家真的就全部毁灭了；而夫差一方面很贪恋财产，一方面也顾忌着勾践的鱼死网破之争，于是就答应了投降，在均衡的原理上这是正确的。

下面是典型的囚徒故事：

a、b 两个囚徒，a 坦白，b 抵赖，b 被判十年，a 被判一年，若两人均坦白则各判五年，若两人均抵赖则都被判两年。a、b 面临抉择。

显然最好的策略是双方都抵赖，结果是大家都只被判两年。但是由于两人处于隔离的情况下无法审供，按照亚当·斯密的理论，每一个人都是一个"理性的经济人"，都会从利己的目的出发进行选择。这两个人都会有这样一个盘算过程：假如他招了，我不招，得坐十年监狱，招了才五年，所以招了划算；假如我招了，他也招，得坐五年，他要是不招，我就只坐一年，而他会坐十年牢，也是招了划算。综合以上几种情况考虑，不管他招不招，对我而言都是招了划算。两个人都会动这样的脑筋，最终，

两个人都选择了招，结果都被判五年刑期。

原本对双方都有利的策略（抵赖）和结局（被判两年刑）就不会出现了。这就是著名的"囚徒困境"。而囚徒困境中，博弈双方所形成的局面，在博弈学上有个专有名词，叫做纳什均衡。

纳什均衡的定义是这样的：假设有 n 个局中人参与博弈，给定其他人策略的条件下，每个局中人选择自己的最优策略（个人最优策略可能依赖于也可能不依赖于他人的战略），从而使自己效用最大化。所有局中人策略构成一个策略组合。纳什均衡指的是这样一种策略组合，这种策略组合由所有参与人最优策略组成，即在给定别人策略的情况下，没有人有足够理由打破这种均衡。

但是，现实中并不是每个人都能遵守纳什均衡的原则，很多时候都是像故事中的人物一样，都是不理性的，一切都纯粹为自己的利益着想，没有全盘去考虑，没想到别人也会为自己采取最有力的措施。

所以，每一个理性的博弈者，都要学会双赢的策略，在自己全胜的时候，也要给对方留下一条出路，保住对方最低限度的利益，在这个基础上的均衡才是长久的。例如，现在的可持续发展道路的提出、和谐社会的实施，都是这个原理。

既然我们每个人每时每刻都在进行着博弈的行为，而一个明确的博弈能给大家带来如此的好处，我们就要很好地利用这个道理，用博弈来创造美好的未来。

具体来说，我们都是在和个人、社会进行着博弈的行为，如果每个人都只是为己的话，就很难形成合作性博弈，在这样的情况下，整个社会的交易分配都面临着严重的不稳定性，而且还反过来阻碍生产和消费。

还有就是要有一个合作性竞争的意识，竞争能够提高效率，合作就可以长久，所以恶性的竞争只会导致大家的灭亡。所以就可以看得出来，为什么有一些人在处理事情的时候能够处理得很好，即使看起来吃亏但是实际上却不会，而有一些人利欲熏心却没有得到什么好处。

社会是复杂的，但也是简单的，从一些简单事情的处理方法上就可以看出你这个人的处世方式。一个能成功的人在任何事情的处理上都是很理智的，因此在进行大事件的处理之前，我们要注意自己平时处理小事情的方法，学会博弈的精神，用智慧、用策略给自己的未来奠定一个坚实的基础。

小博弈，大智慧

博弈的故事虽然小，但往往给人以很大的启迪，很多人能从一个小故事中体味出人生的大道理。

人生是一个不断与人合作和竞争的过程，没有永远的朋友，也没有永远的敌人。但有一点是不变的，无论合作还是竞争，每个人都想让自己的利益最大化。我们看看一个猎狗捕食公司的发展历程，相信能给你的人生带来不少的启迪。

一条猎狗追逐一只兔子，追了好久也没有追到。

牧羊看到此种情景，讥笑猎狗说："你居然不如一只兔子跑得快。"

猎狗回答说："因为我们两个跑的目的是完全不同的！我仅仅为了一顿饭而跑，它却是为了性命而跑呀！"

这话被猎人听到了，猎人想：猎狗说得对啊，那我要想得到更多的猎物，就得想个好法子。

所以，猎人又买来几条猎狗，凡是能够在打猎中捉到兔子的，就可以得到几根骨头，捉不到的就没有饭吃。这一招果然有用，猎狗们纷纷去追兔子，因为谁都想吃到骨头。就这样过了一段时间，问题又出现了。大兔子非常难捉到，小兔子好捉，但捉到大兔子和捉到小兔子得到的骨头差不多。猎狗们善于观察，发现了这个窍门，专门去捉小兔子。逐渐大家都知道了这个方法。猎人对猎狗说：最近你们捉的兔子越来越小了，为什么？猎狗们说：反正没有什么大的区别，为什么费那么大的劲去捉那些大的呢？这里猎狗所说的就是人力资源里的平均主义是不可取的，激励机制要体现出差别来。猎狗与猎人的博弈也为管理提供了借鉴。

猎人经过思考后，决定不将分得骨头的数量与是否捉到兔子挂钩，而是采用每过一段时间，就统计一次猎狗捉到兔子的总重量的方法。按照重量来评价猎狗，决定其在一段时间内的待遇。

于是猎狗们捉到兔子的数量和重量都增加了。

猎人很开心。但在这以后，新问题又出现了，猎狗抓的兔子又少了很多，而且越有经验的猎狗，捉兔子的数量下降得就越厉害。于是猎人又去问猎狗。

猎狗说："我们把最好的时间都奉献给了您，主人，但是我们随着时间的推移会变老，当我们捉不到兔子的时候，您还会给我们骨头吃吗？"猎狗的担心不无道理，每个人都要为自己的长远发展考虑，一旦丧失工作能力，如果再得不到养老的保障，那么我们的青春和精力也就浪费了，我们不得不为自己考虑，一旦发现唯利是图的老板，我们就只有跳槽了。

猎人经过一番思考之后，分析与汇总了所有猎狗捉到兔子的数量与重量，规定如果捉到的兔子超过了一定的数量后，即使捉不到兔子，每顿饭也可以得到一定数量的骨头。猎狗们都很高兴，大家都努力去达到猎人规定的数量。一段时间过后，终于有一些猎狗达到了猎人规定的数量。这时，其中一只猎狗说："我们这么努力，只得到几根骨头，而我们捉的猎物远远超过了这几根骨头，我们为什么不能给自己捉兔子呢？"于是，有些猎狗离开了猎人，自己捉兔子去了。猎人意识到猎狗正在流失，并且那些流失的猎狗像野狗一般和自己的猎狗抢兔子。情况变得越来越糟，猎人不得已引诱了一条野狗，问他到底野狗比猎狗强在哪里。野狗说："猎狗吃的是骨头，吐出来的是肉啊！"接着又道："也不是所有的野狗都顿顿有肉吃，大部分最后骨头都没得舔！不然也不至于被你诱惑。"于是猎人进行了改革，使得每条猎狗除基本骨头外，还可获得其所猎兔肉总量的 $n\%$，而且随着服务时间加长，贡献变大，该比例还可递增，并有权分享猎人总兔肉的 m%。就这样，猎狗们与猎人一起努力，将野狗们逼得叫苦连天，野狗纷纷强烈要求重归猎狗队伍。

这样下去，时间越长，兔子越少，猎人们的收成也一天不如一天。而那些服务时间长的老猎狗们老得不能捉到兔子，但仍然在无忧无虑地享受着那些它们自以为是应得的大份食物。终于有一天，猎人再也不能忍受，把它们赶出了家门，因为猎人更需要身强力壮的猎狗……

被赶走的老猎狗们得到了一笔不菲的赔偿金，于是它们成立了猎狗捕食公司。它们采用连锁加盟的方式招募野狗，向野狗们传授猎兔的技巧，它们从猎得的兔子中抽取一部分作为管理费。当赔偿金几乎全部用于广告后，它们终于有了足够多的野狗加盟，公司开始赢利。一年后，它们收购了猎人的家当。

猎狗捕食公司许诺加盟的野狗能得到公司 n% 的股份，这实在是太有诱惑力了。这些自认为是怀才不遇的野狗们都以为找到了知音：终于做公司的主人了，不用再忍受猎人们呼来唤去的不快，不用再为捉到足够多的兔子而累死累活，也不用眼巴巴地乞求猎人多给两根骨头而扮得楚楚可怜。这一切对这些野狗来说，比多吃两根骨头更加受用。于是野狗们拖家带口地加入了猎狗捕食公司，一些在猎人门下的年轻猎狗也开始蠢蠢欲动，甚至很多自以为聪明实际愚蠢的猎人也想加入。好多同类型的公司雨后春笋般地成立了。一时间，森林里热闹起来。

猎人凭借出售公司的钱走上了老猎狗走过的路，最后千辛万苦地要与猎狗捕食公司谈判的时候，老猎狗出人意料地答应了猎人，把猎狗捕食公司卖给了他。老猎狗们从此不再经营公司，转而开始写自传《老猎狗的一生》，又写了《如何成为出色的猎狗》、《如何从一只普通猎狗成为一只管理层的猎狗》、《猎狗成功秘诀》、《成功猎狗 500 条》、《穷猎狗，富猎狗》，并将老猎狗的故事搬上屏幕，取名《猎狗花园》，三只老猎狗成了家喻户晓的明星。收版权费，没有风险，利润更高。

整个猎狗捕食公司的成立和发展以及落幕，虽然是一个小小的寓言故

事，但其中却蕴涵了合作、背叛、合作的生存之道，小小的博弈故事蕴涵着深刻的人生哲理。

做人中的博弈智慧

人生无处不博弈，博弈论也可以应用于我们的为人之道，比如诚信问题。

博弈论告诉我们，与人交往最重要的是要获得最大利益。如果是一次博弈，你以后与博弈的另一方再也没有见面的机会了，那么你可能会骗对方，因为你骗了他，你才会获得最大利益。如果你和一个人会不断有合作机会，那么你肯定不会骗对方，这是一个常识。北京大学光华管理学院院长张维迎教授对此现象用数学作出了推导，并证明如果你与一个人再次合作的概率小于1/3时，你会选择欺骗；如果你与一个人的合作概率大于1/3时，你会选择合作。但在每个人生活的圈子里，合作的机会比较多，这就要求我们讲求道德和诚信，以使交易成本降到最小。

"诚信"可能是时下中国人最稀缺的一种道德资源了，有人还曾断言：当代中国最大的危机是信用危机。这话并非危言耸听，看看社会上花样翻新的行骗手段，铺天盖地的假冒伪劣产品，诚信问题确实亟待解决。

2004年，中国人民银行总行行长痛心疾首地说："从1999年起至今，我们一共为我国的大学生提供了695万的国家助学贷款，然而至今年为止，拖欠贷款的比例还一直徘徊在20%～40%之间。我们是怀着一颗炽热的心送出我们的帮助的，但收获的结果却令人心寒。"类似的现象并不少见。校门外墙上随处可见的"办证"广告，布告栏里堂而皇之的"请枪手"，考场上明里暗里的作弊，还有网上名目繁多的"论文售卖"……面对这些，我们不免要学朱自清的语气感叹一番："是谁？让我们的诚信一去不复返呢？"

本来，中国是拥有五千年文明历史的古国。诚信一直是我们引以为傲的美德。"人而无信，不知其可也"、"人无信不立"、"君子养心莫于诚"、"巧伪不如拙诚"、"以诚感人者，人亦以诚而应之"，还有"尾生抱柱"的故事，祖先们的这些优良传统我们继承了一代又一代。"诚信的失落"，责任应该在我们自己。

市场经济的大潮既给我们带来了获取财富的机会与施展才华的舞台，也给我们的诚信带来了考验。市场经济本身是信用经济，但是，如果人心灵的天平上一端放着"诚信"，另一端放着"名利钱财"，诚信，往往不幸地成为高高翘起的一端。

聪明的德国人有句谚语说得好：一两重的诚信，抵得上一吨重的智慧。在雅典奥运会上的一个故事则更好地回答了这个问题。希腊举重运动员列奥尼达斯获得六十二公斤级举重铜牌后，成了英雄人物，但当他因兴奋剂检测结果呈阳性被逐出雅典奥运会，铜牌也被收回之时，他就成了罪人，希腊人纷纷指责他，说他的行径玷污了奥运精神，给国家带来了耻辱。所以，一个人的诚信不仅仅关系到个人的名声，也和他的国家的荣誉紧密相关！这启示我们：诚信，是无价之宝，是需要我们用一生去践行的宝贵品质！失去诚信，我们也许将变得一无所有。没有诚信，我们还有什么资格去奢谈情操、襟怀、气节、禀赋等品格和修养，还怎么可能诚心地去贡献社会、服务人民呢？

现在社会上有些人弄虚作假、坑蒙拐骗后，人生还好似一帆风顺。其实，这些都是表面的和暂时的。谁愚弄了诚信，诚信也将最终愚弄谁。即使他们当中极少数的人能逃脱被诚信惩罚的命运，他们的余生也必定将会暗暗地受到良心的谴责。而对于真正言必行，行必果的诚实守信的人，他们的人生也许会遭受一时的挫折，但时间永远是公平的智者，最终将会对他们的言行作出最公允的评判！只有讲诚信的人才会走上人生的坦途！

有这么一个反面的故事：

"年轻人，如果你想在这里干事，"老板说，"有一件事你必须学会。那就是，我们这个公司要求非常干净。你进来时在蹭鞋垫上擦鞋了吗？"

"哦，我擦了，先生。"

"另一件事是我们要求非常诚实，我们门口没有蹭鞋垫。"

结果，毫无疑问，这个年轻人失去了这次工作机会。其实我们不难发现：如今企业在用人时越来越看重应聘者的人品。在智商相差不大的情况下，考虑应聘者的价值观是否和企业的理念相符，越来越成为企业招聘的一种趋势。如果一个人没有了诚信，那就等于失去了和大家真诚交往、和社会信用接触的机会，企业怎敢轻易录用这样的人？

在这个竞争激烈的社会，诚信也成为每个人立足社会不可或缺的无形资本。恪守诚信是每个人都应当有的生存和发展理念之一。诚信的人必将受到人们的信赖和尊重，从而享有做人的尊严和发展事业、服务社会的机遇。每一个人在步入社会之前，都应该认真地分析评价一下自己的价值观和人生理念，树立包括诚信在内的健康的价值观，把诚信这两个字刻进我们心灵的深处，用一生的言行去践行它。只有当诚信的修养提高了，我们的人生才有可能走上一条"可持续发展的道路"，才能更好地抓住每一个宝贵的人生际遇，让自己真正成为社会的栋梁之才。

树立诚信的品质，讲究道德的修养不是我们的主观要求，也不是什么中国文化的要求，而是每个人利益最大化的要求，这是符合博弈原理的。目前的中国由于缺乏诚信，导致大量交易成本的浪费，有的人有项目，因为诚信的缺失而无人投资；有的人有才华，也是由于诚信的缺失而无用武之地。只要每个人都懂得做人以诚，做事以精，我们的社会环境就会得到净化，我们也就不用担心什么骗子了，也不用在防骗上去浪费那么多的心思和精力了。

许多成语及成语典故，都是对博弈策略的巧妙地运用和归纳。如围魏救赵、背水一战、暗度陈仓、釜底抽薪、狡兔三窟、先发制人、借鸡生蛋，等等。当然，博弈策略的成功运用还需依赖一定的环境、条件，在一定的博弈框架中进行。

人们常提到的"上有政策、下有对策"，其实就是对管理者与被管理者之间的动态博弈的一种描述。面对上级的政策，下级寻求对策是正常的、必然的。从博弈论的角度讲，上级的政策制定必须在考虑到下级可能会有的对策的基础上进行，否则，政策就不会是科学、合理的。

博弈论在古代已经得到了广泛的应用，而现在的博弈论思维更是应用到了生活的方方面面，比如下面这个例子就是用博弈论解决了生活的难题——怎样与朋友分摊房租问题。

刚到美国的中国留学生大都是两人或三人合租公寓的，这就有个分房租的问题。通常都是互相商量一下，大致双方都认为比较合理就行了。这种办法一般都能行得通，但最多也就是"比较合理"，很少有人以为自己占了便宜，相反的情形倒是不少见。人们在谈起钱来时都有几分不好意思，一般是推了半天一个人先说个意见，另一个如果觉得跟自己想的相差不远就可以了。

有个人去美国留学，用博弈论想了一个合理的分摊房租的模型。按这一模型分租，每个人都觉着自己占了便宜，而且双方占了同样大小的便宜。最坏的情形也是"公平合理"。如果有谁吃亏了，那一定是他奸诈想占便宜没占到，因此他吃亏也是说不出口的。模型如下：

A 和 B 二人决定合租一两室一厅公寓，房租费每月 550 元。1 号房间是主卧室，宽敞明亮，屋内套一单独卫生间。2 号房间相对小一些，用外面的卫生间，如果有客人来当然也得用这个。A 的经济条件稍好，B 则穷困一些。现在怎么分摊这 550 元的房租呢？按照模型的第一步，A 和 B 两人各自把自己认为合适的方案写在纸上。A1、A2、B1、B2 分别表示两人认为各房间合适的房租。显然，$A1 + A2 = B1 + B2 = 550$。

第二步，决定谁住哪个房间。如果 A1 大于 B1（B2 必然大于 A2），则 A 住 1 号 B 住 2 号，反之则 A 住 2 号 B 住 1 号。比如说，$A1 = 310$，$A2 = 240$；$B1 = 290$，$B2 = 260$（可以看出，A 宁愿多出一点儿钱住好点儿，而 B 则相反），所以 A 住 1 号，B 住 2 号。

第三步，定租。每间房间的租金等于两人所提数字的平均数。A 的房

租＝（310＋290）/2＝300，B 的房租＝550－300＝（240＋260）/2＝250。结果：A 的房租比自己提的数目小 10，B 的房租也比自己愿出的少了 10，都觉得自己占了便宜。

分析：（1）由于个人经济条件和喜好不同，两人的分租方案就会产生差别，按照普通的办法就不好达成一致意见。在模型中，这一差别是"剩余价值"，但被两人半儿劈分红了，意见分歧越大，分红越多，两人就越满意。最差的情形是两人意见完全一致，谁也没占便宜没吃亏。

（2）说实话绝不会吃亏，吃亏的唯一原因是撒谎了。假定 A 的方案是他真心认为合理的，那么不论 B 的方案如何，A 的房租一定会比自己的方案低。对 B 也是一样。

什么样的情形 A 才会吃亏呢？也就是分的房租比自己愿出的高。举一例，A 猜想 B，不会大于 280，所以为了分更多的剩余价值，他写了 A1＝285，A2＝265，那他只能住 2 号房间，房租是 262.5，比他真实想出的房租多了 22.51，他是因为想占便宜没说实话才吃了哑巴亏的。

（3）从博弈论上分析这一模型可以看出，说实话不一定是最佳对策，特别是对对方的偏好有所了解的情况下。但是说实话绝不会吃亏，不说实话或者吃亏，或者分更多的剩余价值。

（4）三人以上分房也可用此模型，每间屋由出最高房租者居住，房租取平均值。

这种看似复杂实则简单的博弈思维的训练，可以帮助我们解决实际的生活难题，如果不用博弈论来解决分房子问题，则必然导致分担不均。经过博弈策略的选择，达到了使各方均衡的多赢局面。可见，掌握一些博弈的思维对我们的生活帮助是很大的。

每天学点博弈论

> 如果把博弈论推而广之，就不仅限于经济或政治领域，人们的工作和生活，甚至生命的演化，都可以看做是永不停息的博弈决策过程。

人们每天从一早醒来就必须不断地作决定，我们日复一日决定早餐要吃什么，直到养成固定的饮食习惯；要不要到超市疯狂采购一番；要不要看场电影、散散步，甚至读一本书……这些都是小事情，更重大的：报考什么学校、选择什么专业、从事什么样的工作、怎样开展一项研究、如何打理生意、该与谁合作、做不做兼职、要不要竞争总裁的职位等，这只不过是人生中重大决策的几个事例。

在这些决策中，有些是完全由你一人作决定的（比如去不去散步）。但决定的空间是不可能完全封闭的，不可能在一个毫无干扰的真空世界里作决定。相反，你的身边全是和你一样的决策者，他们的选择与你的选择相互作用。这种互动关系自然会对你的思维和行动产生重要的影响，而且别人的选择和决策直接影响着你的决策结果，这种相互影响有时甚至是觉察不到的。时至今日，我们已经很难摆脱这种相互影响了，因为我们都生活在一个联系紧密的社会中，是一张大网上的一个个结。

为了解释和理解博弈决策的相互影响，我们不妨看一看一个石匠的决策和一个拳击手的决策会有什么区别。当石匠考虑怎样开凿石头的时候，如果地质情况清楚，他不必担心石头可能会主动跳起来跟他过不去——他的"对象"原则上是被动的和中立的，不会对他表现策略对抗。然而，当一名拳击手打算攻击对方的时候，不仅他的每一招进攻都会招致抵抗，而且他还面临对方主动的出击。

在人与人的博弈中，你必须意识到，你的商业对手、未来伴侣乃至你的孩子都是聪明而有主见的人，是关心自己利益的活生生的人，而不是被动的和中立的角色。一方面，他们的目标常常与你的目标发生冲突；另一方面，他们当中包含潜在的合作因素。在你作决定的时候，必须将这些冲突考虑在内，同时注意充分发挥合作因素的作用。

为了自己，也为了与他人更好地合作，你需要学习一点博弈论的策略思维。正是因此，著名经济学家保罗·萨缪尔森说："要想在现代社会做一个有文化的人，你必须对博弈论有一个大致的了解。"

第一章 博弈人生——生活无处不博弈

博弈制胜

第二章

懂得博弈——用智慧装点你的人生

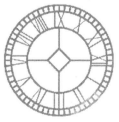

　　博弈涉及的"游戏"范围甚广：人际关系的互动、球赛或麻将的出招、股市的投资，等等，都可以用博弈论巧妙地解释。可以说，红尘俗世，莫不博弈。博弈论探讨的就是聪明又自利的"局中人"如何采取行动以及如何与对手互动的问题。人生正是由一局又一局的博弈所组成的，你我皆在其中竞相争取高分。

有互动就会有博弈

博弈论是一种"游戏理论"。其准确的定义是：一些个人、团队或其他组织，面对一定的环境条件，在一定的规则约束下，依靠所掌握的信息，同时或先后，一次或多次，对各自允许选择的行为或策略进行选择并加以实施，并从中各自取得相应结果或收益的过程。

通俗地讲，博弈就是指在游戏中的一种选择策略的研究，博弈的英文为 game，我们一般将它翻译成"游戏"。而在西方，game 的意义不同于汉语中的游戏。在英语中，game 是人们遵循一定规则的活动，进行活动的人的目的是让自己"赢"。而自己在和对手竞赛或游戏的时候怎样使自己赢呢？这不但要考虑自己的策略，还要考虑其他人的选择。生活中博弈的案例很多，只要涉及人群的互动，就有博弈。

比如，一天晚上，你参加一个派对，屋里有很多人，你玩得很开心。这时候，屋里突然失火，火势很大，无法扑灭，此时你想逃生。你的面前有两个门，左门和右门，你必须在它们之间选择。但问题是，其他人也要争抢这两个门出逃。如果你选择的门是很多人选择的，那么你将因人多拥挤、冲不出去而被烧死；相反，如果你选择的门是较少人选择的，那么你将逃生。这里我们不考虑道德因素，你将如何选择？

你选择时必须考虑其他人的选择，而其他人在选择时也会考虑你的选择。你的结果（博弈论称之为支付）不仅取决于你的行动选择（博弈论称之为策略选择），同时取决于他人的策略选择。这样，你和这群人就构成一个博弈（game）。博弈是一种选择与结果的互动。

博弈涉及的"游戏"范围甚广：人际关系的互动、球赛或麻将的出

招、股市的投资，等等，都可以用博弈论巧妙地解释。可以说，红尘俗世，莫不博弈。博弈论探讨的就是聪明又自利的"局中人"如何采取行动以及如何与对手互动的问题。人生正是由一局又一局的博弈所组成的，你我皆在其中竞相争取高分。

人的一生，本身就可以看成是永不停息的决策过程。我们时刻都在决策着，比如选择什么专业、报考什么学校、从事什么样的工作、怎样开展一项研究、如何打理生意、要不要换工作，甚至是要不要结婚、什么时候结婚、和谁结婚、要不要孩子，等等。而这些只不过是人生决策中的几个重要事件而已，其他平常的决策则更是数不胜数。

在决策过程中，存在一个共同的因素，就是你并不是在一个毫无干扰的真空世界里作决定。相反，你的身边充斥着和你一样的决策者，他们的选择与你的选择相互作用、相互影响。

19 世纪中期，在美国宾夕法尼亚州已经发现了石油，成千上万的人奔向采油区。一时间，宾夕法尼亚土地上井架林立，原油产量飞速上升。克利夫兰的商人们对这一新行业也怦然心动，他们推选年轻有为的经纪商洛克菲勒去宾州原油产地亲自调查一下，以便获得直接而可靠的信息。

经过一段时间的考察，他回到了克利夫兰。他建议商人们不要在原油生产上投资，因为那里的油井已有72座，日产1135桶，而石油需求有限，油市的行情必定下跌，这是盲目开采的必然结果。他告诫说，当别人全都开始进入一个行业时，我们自己的策略选择就是退出。

因为利润是有限的，人们全都进入一个行业疯狂争抢一块蛋糕时，在这场博弈里最理智的选择就是退出。洛克菲勒根据别人的选择作出了自己在石油问题上退出的决策。

果然，不出洛克菲勒所料："打先锋的赚不到钱。"由于疯狂地钻油，导致油价一跌再跌，每桶原油从当初的 20 美元暴跌到 10 美分。那些钻油先锋一个个败下阵来。三年后，原油一再暴跌之时，洛克菲勒却认为投资石油的时候到了，这大大出乎一般人的意料。

此时，洛克菲勒认为别人全都不干石油了，自己的策略选择就是干石油。洛克菲勒总是根据众多商家的策略选择来判断自己的行为选择，洛克菲勒在投资中已经运用了博弈论。

洛克菲勒与克拉克共同投资 4000 美元，与一个在炼油厂工作的英国人安德鲁斯合伙开设了一家炼油厂。安德鲁斯采用一种新技术提炼煤油，使安德鲁斯—克拉克公司迅速发展。

后来，洛克菲勒决定放手大干，可他的合作者克拉克这时却举棋不定，不敢冒风险。两个人在石油业务的决策上发生了严重分歧，最后不得不分道扬镳。分手后，他把公司改名为"洛克菲勒—安德鲁斯公司"，满怀希望地干起了他的石油事业。洛克菲勒迅速扩充了他的炼油设备，日产油量增至 500 桶，年销售额也超出了 100 万美元。洛克菲勒的公司成了克利夫兰最大的一家炼油公司，并成立了标准石油公司。

1865 年洛克菲勒初进石油业时，克利夫兰有 55 家炼油厂，到 1870 年标准石油公司成立时只有 26 家生存下来，1872 年底标准石油公司就控股了 26 家中的 21 家。

洛克菲勒成了美国十大超级富豪之一，从此以后洛克菲勒家族成了美国威望最高的家族之一。正是博弈的策略选择成就了洛克菲勒的辉煌，他每一次都根据别人的选择判断出自己进入的最佳时机，每一次选择对洛克菲勒的事业都是一次极大的推动。

23

博弈是一种竞合游戏

一个博弈，并不仅仅是竞争，实际上竞争中包含着潜在合作的种子，合作中包含着潜在竞争的种子。

合作博弈并不是指合作各方具有合作的意向或态度，而是指在博弈中有一些对博弈各方有约束力的协议或契约，或者说是博弈各方不能公然"串通"或"共谋"。

合作博弈最典型的例子就是石油输出国组织欧佩克。1960 年 9 月，伊朗、伊拉克、科威特、沙特阿拉伯和委内瑞拉的代表在巴格达开会，决定联合起来共同对付西方石油公司，维护石油收入。欧佩克在这个时候应运而生。欧佩克现在已发展成为亚洲、非洲和拉丁美洲一些主要石油生产国的国际性石油组织。它统一协调各成员国的石油政策，并以石油生产配额制的手段来维护它们各自和共同的利益，把国际石油价格稳定在公平合理的水平上。比如有些时候为防止石油价格飙升，欧佩克可依据市场形势增加其石油产量；为阻止石油价格下滑，欧佩克则可依据市场形势减少其石油产量。

对于个人来说，从博弈论的角度来看，在人生、事业一筹莫展的时候，如何能寻找到一个快速突破困境的办法？

首先要寻找一个合理的策略，而这个合理的策略，势必要建立在一个牢固的基点之上，才能切实可行。如果在困境之中，有人与你因为同样的原因无法抽身，那么是否能够和这个人一起摆脱不利的处境，在合作的基础上走向双赢呢？

《红楼梦》里形容四大家族的时候，用过一个词形容，叫做"一荣俱荣、一损俱损"，就是因为这四个家族你中有我，我中有你，相互之间有利益的合作，也有亲缘关系，所以结成了一个牢固的联盟。

那么，如果两个同时处在困境中的人也有这种利益＋亲缘的双重关系，他们合作起来就会更加容易，而且形成的合力就会更大。正所谓"二人同心，其利断金"，而要做到"同心"，只有利益上的合作是不够的，还要一种近乎亲情的亲缘关系。显然，这是可遇而不可求的，因为亲缘关系不是能够随便形成的。

智力游戏与博弈相近似的本质是：在确定游戏规则的约束下，游戏参与者决策、行动的过程。各种智力游戏实质上就是从一个社会的经济、管理、政治等现象抽象出来的缩微模拟模型。在这个意义上不妨说，博弈论就是研究怎么玩好游戏的理论。

游戏是抽象的。面对复杂现象时，人们经常会"只见树木不见森林"，无法抓住某种现象的关键所在。而在游戏中，可以通过抽象出现实生活中的要点，并将干扰因素减至最低，从而轻松地分析问题并找到合理的解决方法。

中国最古老的围棋智力游戏，其最初的功能形态就是模拟战争。围棋包含最多的就是博弈的内涵，特别是战争中的博弈内涵，如"围而歼之"，"生死存亡为先，争地夺利为上"。围棋以获得最大的利益为胜，抽象出战争的本质和目的，来研究战争的规律。

围棋游戏的规则极其简单，不过是两气生，一气死，附加帖目、打劫等辅助规则，最终以所占地盘大小定胜负。然而，其作为一项智力游戏，围棋与战争在很多方面都相通。围棋棋手在小小棋盘上较量，就是战争、战场、战斗在棋盘上的演绎。

战争理念和战争指导思想是"基于毁伤"，以破坏、消耗、摧毁敌方为上。现代西方国家提出"基于效果"的作战思想，美国人将这一战争理念上的革命称为"新的战争哲学"。基于效果就是，着眼于控制敌方整个作战系统，使之丧失作战能力。美军在伊拉克发动"斩首行动"的前一天，还专门召开了推出基于效果作战理念的新闻发布会，接着就发动了进攻。

围棋模拟出"基于效果"的战争理念，强调从全局上控制，而不是基于蝇头小利。即所有的作战方法都必须是有效的，着重要看在全局中是否有用、有效，而不再是基于棋理、棋道、棋风等虚幻的外在形式。基于效果的思想就是赢棋第一，实事求是。比如韩国棋手李昌镐就是基于效果的典范。

智力游戏可以锻炼人的思维能力，培养人的思维方法。良好的思维方法能使我们从错综复杂的现象中找到事物的本质，从纷繁的因素中找到事物变化的主要原因，使事物呈现出条理性。

现在很多世界级公司都已经明白智力游戏的作用。比如著名的微软公

司在招聘员工时出过非常"儿童化"的招聘考题，题目是这样的："某合唱团的4名成员A，B、C、D赶往演出现场，他们途中要经过一座小桥。当他们赶到桥头时，天已经黑了，周围没有灯。他们只有一只手电筒。现在规定：一次最多只许两人一起过桥，过桥人手里必须有手电筒，而且手电筒不能用扔的方式传递。4个人的步行速度都不同，若两人同行，则以较慢者的速度为准。A需花1分钟过桥，B过桥需花2分钟，C需花5分钟过桥，D需花10分钟过桥。请问：他们能在17分钟内过桥吗？"

这可不是微软公司的别出心裁，据说许多跻身世界500强的公司在招收新员工时，都要出类似的智力题。

思维方法是抽象的，它不像1+1=2那么简单，只有通过自己的想象，亲自动手操作，经历失败，才能逐步形成。思维科学化程度越高的人，工作中发现问题、解决问题的能力就越强。这一点已成为人们的共识。

在许多智力游戏中，都存在这么一个共同的特点：就是参与者所选择的策略对于胜负有着举足轻重的影响。一个游戏的规则一旦定好之后，策略选择的好坏就成了游戏参加者所能自由运用的、左右游戏结果的最关键因素。特别是在围棋、象棋之类参与者的初始条件完全相同的游戏中，策略选择就成了游戏结果的唯一决定因素。博弈论的策略思维是一种技巧。策略思维从一些基本技巧出发，考虑的是怎样将这些基本技巧最大限度地发挥出来。

任何游戏都有自己的规则。事实上，现实中的人类社会也是如此，这就是法律、道德和各种成文或不成文的规章制度和惯例等。当然，这些规则也不是一成不变的，它会随着情况的改变和人们的要求不断修正，但是只要规则存在，这个规则就确定了人们行为的前提条件。

因此博弈与游戏都有一个重要的共同特征：那就是这些规则规定游戏参加者可以做什么，不可以做什么，按照什么次序去做，什么时候结束游戏，一旦参与者犯规将受到怎样的惩罚等。

游戏者的策略有相互依存的关系。每一个游戏者从游戏中所得结果的好坏不仅取决于自身的策略选择，同时也取决于其他参加者的策略选择。

有时甚至一个坏的策略会给选它的一方带来并不坏的结果，原因是其他方选择了更坏的利他而不利己的策略。这一点也是游戏与博弈重要的相似之处。

大约四十年前，贝尔电话公司实验室中一位天资过人的数学家，也是信息论创始人香农，他发明了一个猜测机器来跟真人对决，这个机器成功击败真人，因为人们永远无法隐藏自己的思考模式。

这个游戏的最佳策略就是尽可能找出对手行为的规律，自己则随机出招，简单地说就是一面藏拙，一面利用对手的弱点。所有竞赛游戏都是这样：橄榄球运动员尽量混合不同的跑位和传球；机智的棒球投手会以快速球配合变化球来封锁对手的攻势；桥牌能手也不会每次都唬人。

但请注意，如果每次都在出其不意时使出绝招，这也是一种行为规律。假如双方在玩石子儿游戏时都很成功，不露破绽，那么最后就会打成平手。它的技巧就是尽量利用对手行为的可预测性，并尽可能让对方猜不中你的模式。香农的机器连续赢了好多回，最后才输给一位企业总裁——他的思考是相当随机的。

合作博弈并不是指合作各方具有合作的意向或态度，而是指在博弈中有一些对博弈各方有约束力的协议或契约，或者说是博弈各方不能公然"串通"或"共谋"。

懂一点博弈的基本术语

博弈论研究的对象是理性的行动者或参与者如何选择策略或如何作出行动的决定。理性的人是对现实的人的基本假定，即假定参与者努力用自己的推理能力使自己的目标最大化。"理性的"与"道德的"不是一回事，理性的与道德的有时会发生冲突，但是理性的人不一定是不道德的。

博弈涉及哪些内容呢？

第一，博弈涉及至少两个独立的博弈参与者。

每个参与者通过采取行动，努力使自己的效用或利益最大化。但是，他的行动的好处或支付的获得取决于另外的参与者。

在买卖的交换行为中，买东西的人要尽量以低的价格买到，但是他是否能买到取决于卖者是否能卖；卖东西的人尽量想以高的价格将东西卖出去，但价格太高，买者不接受，因此卖东西的人能否将物品卖出去取决于买者。

第二，博弈涉及行动者存在着策略选择的可能，博弈论用策略空间来表示参与者可以选择的策略。

赤壁一战，曹兵大败，曹操落荒而逃，在选择是走通往华容道的小路，还是选择大路时，他面临着在两个策略之间进行选择。囚徒困境中的小偷面临着"不招认"还是"招认"的选择。每个参与者从策略空间中选取他的策略，如果没有选择的可能，理性的人是无法作出计算的，对自己的目标也就无能为力。从这个意义上来讲，我国改革开放走向市场经济，就是使得每个经济主体发挥其理性的作用，使之发挥主动性，而在计划经济下则没有可选择的余地。

第三，参与者在不同策略组合下会得到一定的支付。

在一卖主甲和一买主乙之间的"买——卖"博弈中，这是一个讨价还价的过程，假定通过讨价还价后确定了价格。在此价格下，卖者卖成后获得的效用为6，卖不成的效用为5；买者买成的效用为4，买不成的效用为0。而如果他们之间的交易不成功，无论是买主还是卖主都要等待和进行讨价还价，假定等待和讨价还价的成本均为1，则支付矩阵为：

甲乙	买成	买不成
卖成	（6，4）	（5，0）
卖不成	（0，3）	（0，0）

从这个矩阵中我们可以看出，如果双方买卖不成，枉费了许多讨价还价的时间和精力，而结果双方都为0，显见这个结果是不好的。而其他两

种情况几乎不存在，因为一方买成或一方卖成，那可能是对第二个买主或卖主而言了，就同样一对组合而言，就只有（0，0）和（6，4）这两种结果。我们一眼就能看出，买成和卖成的结果是最好的，是买卖双方都想争取的一种结果，所以这种结果就是纳什均衡。

第四，对于博弈参与者来说，存在着博弈结果。

所谓结果是参与者最终对策略的选择造成的确定性的支付。如在曹操败走华容道的博弈中，诸葛亮在"埋伏大路"与"埋伏通往华容道的小路"之间进行选择，而曹操在"走大路"和"走通往华容道的小路"之间进行选择。在这个博弈中，双方猜测对方的行为，看谁猜得准。博弈的最终结果是，诸葛亮派关羽埋伏在通往华容道的小路，而曹操选择走小路，被诸葛亮抓住。这就是曹操与诸葛亮之间博弈的结果。

第五，博弈涉及均衡。

均衡是经济学中的重要概念。那么什么是均衡？它的含义是什么？

均衡即平衡的意思，在经济学中，均衡意即相关量处于稳定值。在供求关系中，如果在某一商品市场的某一价格下，想以此价格买此商品的人均能买到，而想卖的人均能将商品卖出去。此时我们就说，该商品的供求达到了均衡。此时的价格可称之为均衡价格，产量可称之为均衡产量。均衡分析是经济学中的重要分析。

那么什么是博弈论的均衡呢？所谓博弈均衡，它是一个稳定的博弈结果。均衡是博弈的一种结果，但不是说博弈的结果都能成为均衡。博弈的均衡是稳定的，因而是可以预测的。

纳什均衡是一种最常见的均衡。它的含义是：在对方策略确定的情况下，每个参与者的策略是最好的，此时没有人愿意先改变或主动改变自己的策略。

在上面的"买——卖"的博弈中，（卖出，买进）是纳什均衡，这个博弈可以解释为什么在现实中讨价还价后买卖能做成，因为这对双方来说都是最优选择。同时在"买——卖"博弈中，其均衡对双方来说是全局最优的。

博弈制胜术

第二章 懂得博弈——用智慧装点你的人生

第六，重要的均衡——纳什均衡。

纳什均衡是博弈分析中的重要概念。1950年，身为研究生的纳什写了一篇论文《论博弈的均衡问题》，该文只有短短一页纸，可就是这短短一页纸成了博弈论的经典文献。在这篇论文中，纳什给出了博弈均衡的定义，这样的均衡被人们称之为纳什均衡。

那么，什么是纳什均衡呢？简单说就是，一个策略组合中，所有的参与者面临这样的一种情况：当其他人不改变策略时，他此时的策略是最好的。也就是说，此时如果他改变策略，他的支付将会降低。在纳什均衡点上，每一个理性的参与者都不会有单独改变策略的冲动。在囚徒困境中存在唯一的纳什均衡点，即两个囚犯均选择"招认"，这是一个稳定的结果。

有些博弈的纳什均衡点不止一个。如下述"夫妻博弈"（简称性别之战）中有两个纳什均衡点。丈夫帕特和妻子克里斯商量晚上的活动。丈夫喜欢看拳击，而妻子喜欢欣赏歌剧。但两人都希望在一起度过夜晚，双方的支付矩阵如下：

在这个"夫妻博弈"中有两个纳什均衡点：（歌剧，歌剧），（拳击，拳击）。在有两个或两个以上纳什均衡点的博弈中，其最稳定的结果难以预测。在"夫妻博弈"中，我们无法知道，最后结果是一同欣赏歌剧还是一起去看拳击。

是不是所有的博弈均存在纳什均衡点呢？不一定存在纯策略的纳什均衡点。所谓纯策略是指参与者在他的策略空间中，选取唯一确定的策略。但至少存在一个混合策略均衡点，所谓混合策略是指参与者采取的不是唯一的确定的策略，而是其策略空间上的一种概率分布。这就是纳什于1950年证明了的纳什定理。

我国研究纳什均衡的专家谢识予博士在《纳什均衡论》中，用通俗的话表达了纳什均衡含义：给定你的策略，我的策略是最好的策略，给定我的策略，你的策略也是你最好的策略，这就是说，双方在对方的策略下自己现有的策略是最好的策略。即此时双方在对方给定的策略下不愿意调整自己的策略。这里的策略包括混合策略。

纳什均衡是博弈论中的重要概念，同时也是经济学的重要概念。诺贝尔经济学奖获得者萨缪尔森有一句幽默的话：你可以将一只鹦鹉训练成经济学家，因为它所需要学习的只有两个词：供给与需求。博弈论专家坎多瑞引申说："要成为现代经济学家，这只鹦鹉必须再多学一个词，这个词就是'纳什均衡'。"由此可见纳什均衡在现代经济学中的重要性。纳什均衡不仅对经济学意义重大，对其他社会科学的意义同样重大。

搞清楚博弈的要素

局中人、策略、报酬和信息规定了一局博弈的游戏规则。均衡是博弈的结果，也是游戏结束的最后结局。

博弈由很多因素构成，每个博弈都至少包含五个基本要素。

（1）局中人。也可以称之为决策主体，或者叫参与者、博弈者。在一场竞赛或博弈中，每一个有决策权的参与者都成为一个局中人。只有两个局中人的博弈现象称为"两人博弈"，而多于两个局中人的博弈称为"多人博弈"。博弈的参与者在游戏里扮演不同的角色。

比如象棋，有这样几种角色：老将、相、士、车、马、炮和小卒子，俨然一支军队。每个角色都是一次棋局博弈的局中人。当然，比起真实的人生，这个模型过于简单了，但一样可以映射出现实的生活。

梁启超说过："唯有打牌可以忘记读书，也只有读书可以忘记打牌。"即使像李清照这样的才女，对赌博的迷恋和豪气也不让须眉。三明治伯爵当初发明以他自己的名字命名的点心，真实的出发点只是为了进餐的时候可以不离开赌桌。乔治·华盛顿这样伟大的人物，在美国大革命时，竟然也在自己的帐篷里开设赌局。

也正因为人有争强好胜的天性，所以在整个人生中，博弈才会无处不在，因为人们时时刻刻都在想着与他人竞争，人们时时刻刻都把自己摆在一个局中人的角度。从这个意义上讲，人生本身就是一场博弈，而人则永远是博弈中的局中人。

（2）策略。在博弈中有了局中人，就要开始进行策略的选择了。一局博弈中，每个局中人都有可供选择的、实际可行的、完整的行动方案，该方案不是某阶段的行动方案，而是指导整个行动的一个方案。一个局中人的一个可行的自始至终筹划全局的一个行动方案，称为这个局中人的一个策略。如果在一个博弈中，局中人都只有有限的策略，则称为"有限博弈"，否则称为"无限博弈"。由于在人生中每个人都随时扮演着局中人的角色，人生也就随时面对各种选择，所以在人生这场大游戏里，策略的选择也就异常重要。一旦选择不慎，则可能出现整个人生的败局，正所谓"一招不慎，全盘皆输"。

策略固然能改变我们的人生，但不要忘了，我们之所以进行策略选择，只有一个目的，那就是为了获得自己更大的效用。

（3）效用。所谓效用，就是所有参与人真正关心的东西，是参与者的收益或支付，我们一般称之为得失。每个局中人在一局博弈结束时的得失，不仅与该局中人自身所选择的策略有关，而且与全局中人所取定的一组策略有关。所以，一局博弈结束时，每个局中人的"得失"是全体局中人所取定的一组策略的函数，通常称为支付函数。每个人都有自己的支付函数，整个人生中的每一步行动，其实人都为自己简单地计算过支付函数中效用的得失，也就是干一件事情值还是不值。

（4）信息。在博弈中，策略选择是手段，效用是目的，而信息则是根据目的采取某种手段的依据。信息是指局中人在作出决策前，所了解的关于得失函数，或支付函数的所有知识，包括其他局中人的策略选择给自己带来的收益或损失，以及自己的策略选择给自己带来的收益或损失。在策略选择中，信息自然是最关键的因素，只有掌握了信息，才能准确地判断他人和自己的行动。

两军对垒，知己知彼者必然取胜。在牌桌上，出老千的人每次都赢。公司里都有机密文件，这是商业秘密，绝不能透露，透露一点则可能给公司带来噩运。一个人如果提前了解了内部信息，则可能会改变他原来的计划。

（5）均衡。均衡是一场博弈最终的结果。均衡是所有局中人选取的最佳策略所组成的策略组合。均衡就是平衡的意思，在经济学中，均衡意即相关量处于稳定值。在供求关系中，某一商品如果在某一价格下，想以此价格买此商品的人均能买到，而想卖的人均能卖出，此时我们就说，该商品的供求达到了均衡。所谓纳什均衡，它是一个稳定的博弈结果。

弄明白博弈的类型

从不同的角度和立场出发，博弈会有不同的分类，这些分类对我们认识博弈有很大的帮助。

从博弈的均衡结果来看，博弈分为合作性博弈和非合作性博弈。纳什等博弈论专家研究得更多的是非合作性博弈。

所谓合作性博弈是指参与者从自己的利益出发与其他参与者谈判达成协议或形成联盟，其结果对双方均有利，人们分工与交换的经济活动就是合作性的博弈，而非合作性博弈是指参与者在行动选择时无法达成约束性的协议。如囚徒困境以及公共资源悲剧。

博弈又分静态博弈和动态博弈。静态博弈指双方同时采取行动，或者尽管参与者采取行动有先后顺序，但后采取行动的人不知道先采取行动的人采取的是什么行动。动态博弈指参与者的行动有先后顺序，并且后采取行动的人可以知道先采取行动的人所采取的行动。

从知识的拥有程度来看，博弈分为完全信息博弈和不完全信息博弈。

　　信息是博弈论中重要的内容。完全信息博弈指参与者对所有参与者的策略空间及策略组合下的支付有"完全的了解"，否则是不完全信息博弈。严格地讲，完全信息博弈是指参与者的策略空间及策略组合下的支付，是博弈中所有参与者的"公共知识"的博弈。而在不完全信息的博弈中，至少有一个参与者不能确切知道其他参与者的成本函数。对于不完全信息博弈，参与者所做的是努力使自己的期望支付或期望效用最大化。

第二章　懂得博弈——用智慧装点你的人生

博弈制胜

第三章

困境博弈——两难境地如何选择

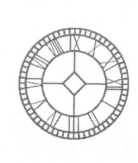

　　前面我们提到了囚徒困境，实际上囚徒困境是我们每个人都会在生活中碰到的，如何解决囚徒困境，如何让博弈的最终利益最大化值得我们深刻地探讨和思考。

为什么会互相背叛

囚徒困境反映了个人理性和集体理性的矛盾。

在生活中，不乏有很多囚徒博弈的例子。比如有这样一个经典的故事：

两个旅行者麦克和约翰从一个以出产瓷器著名的旅游胜地回来时，他们各买了一个瓷花瓶。提取行李时，发现花瓶被碰破了。他们向航空公司索赔。

航空公司估计花瓶的价格在 80 ~ 90 元之间，但不知道这两位旅客购买的准确价格。航空公司要求两位旅客在 100 元以内自己写下花瓶价格。若两人所写的相同，说明他们说了真话，就照他们写的数额赔偿；如果两人所写的不一样，那就认定写得低的旅客讲的是真话，按这个低的价格赔偿，但是对讲真话的旅客奖励 2 元钱，对讲假话的旅客罚款 2 元。

如果两人都写 100 元，他们都会获得 100 元。但是，给定约翰写 100 元，麦克改写 99 元，则他会获得 101 元。约翰又想，若麦克写 99 元，他自己写 98 元，比写 100 元好，因为这样他获 100 元，而自己写 100 元，当麦克写 99 元时自己却只获 97 元。而给定约翰写 98 元，麦克又会写 97 元……这样，最后落得两个人只写 1 元的境地。

双输，这往往就是囚徒困境带来的结果。

再有，一个小镇政府有一个为期一年的采购计划，每个月采购一批饮料。如果小镇上的两家饮料公司的报价一致，那么政府就把订单一分为二。否则，政府会把更多的订单给报价低的那个公司。显然，这两家公司都报出同样的高价，才符合其利益。在这种多次博弈中，他们会联合起来出高价吗？如果会，那么在一年十二次的博弈中他们会合作几次呢？

假如他们开始签订了合约，都报出一个比较高的价位。不过，显然最后一次他们不需要遵守合约，因为反正以后没有采购计划了，违约也不会有什么坏处。如果是这样，倒数第二次也不需要遵守合约，因为不论怎样倒数第一次都是要违约的，那就不存在是否有惩罚的问题。所以倒推下来，一次合约都不用遵守。两家公司最后可能还是两败俱伤。

如果你有兴趣，还可以做一个实验：选定几个人，让他们都猜一个数字，必须是 1 到 100 之间的整数。条件是谁最接近所有实验者所猜数字平均值的 1/3，谁就可以得到 100 元钱。

这个时候，每个人都会想：如果一开始其他人都是随机地选择数字，50 就会是所有人的猜测。这个时候，猜 50 的 1/3 也就是大约 17 可能会赢。然而，每个人都会猜到 17 这个数字的时候，大家就会猜测 17 的 1/3，也就是 6 左右。依次类推，这个游戏中的每一个人最终猜测的结果是唯一最小的数字，那就是 1。

囚徒困境反映了个人理性和集体理性的矛盾。如果甲和乙都选择抵赖，各判刑 1 年，显然比都选择坦白各判刑 10 年好得多。当然，甲和乙可以在被警察抓到之前订立一个"攻守同盟"，但是这可能不会有用，因为它不构成纳什均衡，没有人有积极性遵守这个协定。

因为这种协商，并不会影响他们在被审讯的时候所作的决策。虽然有了协议，但乙还是不敢确信甲是否会出卖自己，并且不论甲是否背叛协议，出卖对方肯定是有好处的。反过来甲也是这么想的，所以到最后他俩还是会同时出卖对方。

不可不谈的利益原则

在博弈游戏中，利益本是无情物，化作利剑不认亲。

　　之所以会产生囚徒困境，是因为在囚徒困境的博弈中，每个局中人都以利益原则为第一参考因素。利益因素是人的本性，因为每一个人在博弈过程中都是自私的，甚至为了自己的私利，不惜一切代价，有句俗话叫"为达目的，不择手段"，说的就是这个意思。正是因为人的自私性，所以会在诸多事情上遇到囚徒困境的难题。因为每个人在涉及利益的根本问题时，往往不考虑别人，只考虑自己。人性对自己的考虑有时会冲出道德的底线，甚至让我们震惊。

　　以唐朝女皇武则天为例。武则天虽然是唐太宗李世民的才人，但因其美貌可人却深得太子李治的欢心。唐太宗临死之际，武则天不得不到感业寺做了尼姑。唐太宗死后三年，王皇后与萧淑妃争风吃醋，皇后想借武则天的魅力扳倒萧淑妃，所以便劝唐高宗李治把武则天再度接回宫里。

　　王皇后接武则天回宫也是为了自己的私利，她与萧淑妃的博弈中，谁也不肯与对方合作，以至于到了必须要把一方扳倒的局面，而此时的武则天成了王皇后博弈的一颗棋子。武则天既然参加到游戏之中，以她的个性，绝不居于人下。武则天开始代替萧淑妃成了这场宫廷博弈的局中人之一。

　　武则天聪明伶俐，对王皇后谦卑有礼，对唐高宗百般逢迎，不久被封为昭仪。王皇后想挤掉萧淑妃的意图也就很快实现了。但是，武昭仪既已扳倒了萧淑妃，接下来的一个目标便是要扳倒王皇后了。为了扳倒王皇后，武则天可谓费尽心机，最后竟以自己的亲生女儿的性命做赌注，来达到自己的目的。

　　利益驱使着每一个局中人不讲任何亲情，只是想一心实现自己的目标，尤其是武则天，可以说她就是一个理性经济人。

　　王皇后性情暴躁，对宫女们要求严厉。其母亲柳氏因贵为皇后之母，出入后宫毫不顾忌礼节，因此宫女们多有怨言。而武则天又总是乘机笼络王皇后的侍者，使这些侍者向武则天靠拢。宫人甘做武氏耳目爪牙，王皇后的一举一动，便都在武昭仪的掌握之中。无奈不论武则天怎样巧舌如簧，夸大皇后过错，劝高宗废掉王皇后，唐高宗始终不肯听从。因为唐高宗虽不喜欢王皇后，但绝无废后念头。机敏的武则天开始明白，劝说高宗废后是不明智的，必须让他亲自作出决定。

654年，武昭仪怀胎十月，满望生个儿子好继大统，不料生下的竟是个女儿。大失所望之后，武昭仪忽然想出了一个让唐高宗自己推断、下决心废掉王皇后的计策来。

一日，武昭仪在宫中闲坐，忽报皇后驾到。武氏便叫过宫女密嘱数语，自己却闪入侧室躲着。王皇后见武氏不在，便坐下等候，蓦听床上婴儿啼哭，就抱起来哄了一阵，待婴儿又睡着后才放回床上，离宫回到自己住处。

武则天见皇后已回，就从侧室出来，偷偷走到床前，咬牙将女儿掐死。

唐高宗每日退朝，必至武氏处谈情。不一会儿，即有使者来报皇帝驾临。武氏与平日一样，采花恭迎，谈笑献媚。过了一会儿，唐高宗对着床问武氏："女儿还在熟睡？"武氏故意回答说："熟睡已多时，现在该让她醒过来了。"便令侍女去抱起来。

那侍女启被一瞧，吓得半晌说不出话来。武氏故意催促："莫非还在熟睡？赶快抱起便醒了！"那侍女才说了个"不"字，武氏故意装作不解，自己前去抱孩子，手还未碰及女婴，口中却已号哭起来。

唐高宗被弄得莫名其妙，走近床去仔细察看，才知道那活泼泼的宝贝女儿已变作一个死孩子，高宗难过得泪流满面。

武氏故意哭着问侍女道："我往御花园采花，不过片刻工夫，好好的一个女孩，怎会被闷死？莫非你们与我有仇，谋死我女儿吗？"

众侍女慌忙跪下，齐称不敢。

武氏又道："你等若都是好人，难道有鬼来谋命吗？"

众侍女这才恍然大悟，一片声道："只有正宫娘娘到此来过，婴儿啼哭时她还抱起来哄逗了一会儿。小孩没声息时她才走。"

武氏顿时哭得泪人儿一般，慨叹自己命苦。唐高宗却已坚信王皇后下毒手谋杀了自己的亲生女儿，断然决定要废掉王皇后。这时，武氏又故意说："废后是件大事，陛下不可随便决定，尚需与大臣们好好商议。王皇后只是对妾不满，宁可逐妾也不能废后呀！"

然而，唐高宗自己推断的事，哪是他人可劝回的呢？他对武氏说：

"朕意已决，卿勿再言！"

武氏表面一片茫然，内心却通明剔透，无比高兴……

中国是一个最重视伦理道德的国家，儒家一贯提倡父慈子孝、兄友弟悌，甚至还要扩展到政治领域，便是"忠"。历史统治者也大多标榜以孝治国，有的皇帝谥号之前总要加个"孝"字，如孝武帝等。可是，这种道德说教，在利益面前，有时仍显得苍白无力。

囚徒策略与懦夫困境

一旦陷入囚徒困境，任何一方都无法独善其身，即使双方都有合作意愿，也很难达成合作。

从一个故事的角度，我们会为两个囚徒不能合作而遗憾。然而在现实生活中，我们都巴不得他们互相指认，否则罪犯就逃脱了法律制裁；商家如果通过合谋控制物价，我们的生活水平就要打折扣。有一利必有一弊，其实我们完全可以把囚徒困境作为自己的一种行为策略。

现在我们作个假设，你正作为一名士兵身处第一次世界大战的战场。你们在战场上遇到了敌军。假设你们都不怎么爱国，那么活命是你的最高目标。

在战斗打响时，避免成为炮灰的最好办法就是逃跑，让其他人留下来战斗。

当然，假如你这边的其他人也跟着逃跑，那么你的逃跑就更显得明智了，因为当敌军打到你们这边时，你一定不希望只剩下自己在战斗。

因此，不管其他人怎么做，逃跑都是你所能采取的最佳策略。

但是，假如你这边的每个人都逃跑，那么你们大概就只有全军覆没了。

在这种情况下，类似囚徒困境的"懦夫困境"就出现了。

假如你这边的每个人都逃跑，敌军就很容易把你们一举擒获并加以歼灭。因此，与其每个人都逃跑，不如每个人都留下来更有利。

就个人而言，懦弱一点比较有利；就团体而言，勇敢一点对大家都好。部队自有打破这个懦夫困境的方法：在大部分的军队中，假如有士兵在战斗时逃跑，会被就地正法。因此，退缩就会被枪毙的压力反而对士兵更有帮助，因为这等于帮他们破解了懦夫困境。

古罗马有这样的军规，军队排成直线向前推进的时候，任何士兵，只要发现自己身边的士兵开始落后，就要立即处死这个临阵脱逃者。为使这个规定更可靠，未能处死临阵脱逃者的士兵也会被判处死刑。这么一来，一个士兵宁可向前冲锋陷阵，也不愿意回头捉拿一个临阵脱逃者，否则就有可能赔上自己的性命。

罗马军队这一军规的精神直到今天仍然存在于西点军校的荣誉准则之中。该校的考试无人监考，作弊属于重大过失，作弊者会被立即开除。不过，由于学生们不愿意"告发"自己的同学，学校规定，发现作弊而未能及时告发，同样违反荣誉准则，也会被开除。所以一旦发现有人违反荣誉准则，学生们就会举报，因为他们不想由于自己保持缄默而成为违规者的同伙。

巧用囚徒博弈降低成本

由于囚徒双方都是从自己的利益去考虑，很多时候采取出卖对方的策略，结果被主导者（囚徒困境中的警察角色）所利用，让双方陷入了困境，可以起到降低成本的作用。

比如现在有一个政府项目，是公开招标选择网络公司建立政府网，某公司是投标者之一。对于这个公司来说，根据过去的经验能够预算出接手这个项目的真实成本是 100 万元，然而这个公司并不了解其他竞争对手的真实成本。

该公司根据市场行情推断，其他公司的真实成本在 50 万～150 万元之间。从概率的角度去看，在 50 万～150 万元之间的任何一个，价格都有可能是最终的胜利者。我们简化这个问题，假设每个公司的成本只能是 50 万~60 万元、60 万～70 万元……120 万～130 万元、130 万～140 万元、140 万～150 万元这样的整数，总共有 10 种可能，因此最终获得胜利的公司落在这 10 种价格区间中的任何一个的概率是 1/10。

如果这个公司报价 90 万元，很显然，公司即使胜出，仍然要亏本 10 万元，看来 100 万元的报价是底线，低于这个价格的报价对于该公司毫无意义。当然这只是这一机制的理想状况。实际当中，如果价格低于成本，破坏了市场均衡，毫无疑问会影响项目质量，不但损害中标者利益，最终还会损害招标政府自身利益。

自然从理论上说，该公司投标报价一定要高于 100 万元，不妨假设报价为 120 万元，根据这 10 种价格的概率，其他公司若报价低于 120 万元，该公司失败的概率是 3/5，即使开价 100 万，该公司不能中标的概率也有 2/5。当然开价 120 万元胜出时可以赚取 20 万元利润，而开价 100 万元时，即使胜出也仅仅是能够弥补成本而已。

由此可见，开出一个较高的价码是该公司的优势策略。每一个投标公司都这么考虑的话，所有公司的报价都会高于实际成本，结果就是所有的开价都被人为抬高。怎样才能让公司投标报价接近于真实成本呢？

问题的关键在于采用某种激励机制来驱动投标者不说谎。如有这样一种激励方式，就是将合同判给开价最低者，但是却让他付开价第二低者的价格。

这个时候该公司如果开出的还是 120 万元的报价并且是第二低的价码，而另一家公司开出的价格比这个公司要低，比如是低于该公司成本价的 90 万元，该公司最终的价格 120 万元反而成了这个胜出公司的最终项目价码。在这种招投标方式下，任何一个公司的优势策略就是开出一个接近其真实项目成本的价格。

按照博弈论的观点具体分析招投标行为我们还可以发现：就像博弈的参加者独立决策、独立承担后果那样，投标各方也如同分别隔离审问，不准串供，他们相当于处在"两难困境"中的"囚徒"，各家只能依据自身实力、期望利润和所掌握的市场信息，自主报价，独自承担风险。

不难看出，机制设计的关键是如何让每个公司的报价有利于集体选择，并最终达到"纳什均衡"。这里其实靠的是两个制度安排：

1. 阻止公司之间的合作；

2. 制定了一套"坦白从宽，抗拒从严"的赏罚规则。

由此可见，在招投标的机制设计中，通过博弈竞争使中标价接近成本价，达到均衡合理，为招标人节约投资，提高经济效益。通过优胜劣汰，使市场竞争力低下的投标人无力参与竞争而退出市场，让有实力的投标人脱颖而出，使资源达到均衡配置，市场秩序得以规范。

再有，假如你是一个事业部门的经理，手下有七八个业务员。有什么好办法让他们拼命干活呢？看完了上面的文字，你一定已经想到了一个好办法——让他们陷入囚徒困境。一旦每个员工都觉得，拼命工作，无条件地加班加点是自己的最优选择，老板的日子就舒心了。

让员工们陷入这种困境的方法很多。例如：

威逼——按员工业绩给他们打分评级，告诉他们，得分最差的扣工资；

利诱——得分最高的给奖金；

煽风点火——对小王说："小王啊，你知道我们公司要提拔一批新的管理人员，我是很看好你的。不过你看老张，都拖家带口的了，最近还经常干到半夜，也在较着劲呢。你现在没有家庭负担，可不能比他落后了，这样我也好在老板那儿给你说好话。"然后对老张说："你看人家小王，天天工作到半夜，才毕业没多久，业绩已经有声有色了。你可是老员工了，如果成绩还比不上新来的，让我怎么向老板推荐你啊？"

总之，这一套手段要下来，如果运用得好，员工都应该攀比着加班加点吧！

也不一定！尤其是如果你接管的部门成立已久，员工们都非常熟悉并且有一定交情的时候，这套手段就不那么灵验了。工资是按月领的，员工们进行的是无法预期次数的多次博弈。有理性的员工很快就会发现，听老板的话只会让自己更辛苦。渐渐地他们就会达成默契，从囚徒困境中摆脱出来：原来什么样还是什么样，能偷懒就偷懒。奖金轮流拿，拿了奖金的要大出血，安抚住其他没拿到奖金的。

这时候，你会想到，找一个非理性的人来，扰乱员工们的默契。于是招聘一个任劳任怨、加班加点的"笨蛋"到办公室，如果别人不努力，每个月的奖金就都给"笨蛋"。但这样做，还是不见得有成效。因为其他员工会孤立"笨蛋"，作为对他的惩罚，这就大大增加了"笨蛋"的博弈成本。过不了多久，"笨蛋"就会发现，或者加入到其他同事的阵营里去了；或者到处树敌，得到的奖金还补偿不了损失，而且失去了大家的帮助，工作很难进行，奖金还是拿不了多久。于是，"笨蛋"开始变得理性，囚徒困境还是没出现。

让员工去跟不太容易与他们达成默契或合约的人博弈，就可以让他们在囚徒困境中多陷一会儿。比如，让员工以小组的方式相互竞赛，就比对个体的激励更有效一些，甚至可以让自己的部门和处在异地的同性质部门竞争。这样两个部门的人员因为没有在一起相处的机会，是很难达成协议的。

ᕙ 利用困境，解决难题 ᕗ

应用囚徒困境，除了上述所说的在商业、管理上降低成本的作用外，在很多场合，还可以起到四两拨千斤的作用，解决棘手的难题。

春秋时楚国杰出的军事家伍子胥，性格十分刚强，青少年时即好文习

武，勇而多谋。伍子胥祖父伍举、父亲伍奢和兄长伍尚都是楚国忠臣。周景王二十三年，楚平王怀疑太子"外交诸侯，将人为乱"，于是迁怒于太子太傅伍奢，将伍奢和伍尚骗到郢都杀害，伍子胥只身逃往吴国。

在逃亡中，伍子胥在边境上被守关的斥候抓住了。斥候对他说："你是逃犯，我必须将你抓去面见楚王！"

伍子胥说："楚王确实正在抓我。但是你知道楚王为什么要抓我吗？"

斥候冷冷地说："我没必要知道，你是逃犯，我就可以抓你去领功取赏。"

伍子胥从容自若地说："不，你需要知道。因为有人跟楚王告密，说我有一颗价值连城的宝珠。楚王一心想得到我的宝珠，可我的宝珠已经丢失了。楚王不相信，以为我在欺骗他。我没有办法了，只好逃跑。"

斥候冷笑，说："宝珠丢了，至少我还抓住了人，我想楚王还是有打赏的。"

伍子胥摇头，说："这，你又错了，现在你抓住了我，还要把我交给楚王，那我将在楚王面前说是你夺去了我的宝珠，并吞到肚子里去了。楚王为了得到宝珠就一定会先把你杀掉，并且还会剖开你的肚子，把你的肠子一寸一寸地剪断来寻找宝珠。这样我活不成，而你会死得更惨。"

斥候信以为真，非常恐惧，觉得没必要以命相搏去换取那一丁点的打赏，于是赶紧把伍子胥放了。伍子胥终于脱险，逃出了楚国。

这个故事可以算是囚徒博弈的一个精彩注解，面对可能出现的潜在的危机，人总是抱着"宁可信其有，不可信其无"的态度，以保证自己能够免于陷入困境。由此，伍子胥三言两语就改变了自己的劣境。

伍子胥应用囚徒困境，帮助他解决了逃跑中的难题。在西方，更有聪明者制造囚徒困境的假象，解决了商品销售的难题。

话说美国有兄弟俩开了个服装店，由于店的门面不大，哥哥就在外面推销衣服，弟弟在店的另一头负责结账。顾客买衣服的时候，都要讨价还价，让来让去，每当顾客和这个哥哥砍完价的时候，哥哥就会对顾客说，你去柜台那边结账吧！于是顾客就拿着衣服到柜台那边，这时候弟弟看看衣服的标签说：等等！我问问这衣服最后砍到多少钱了。于是弟弟就大声对哥哥喊着问衣服价钱，哥哥就在另一头喊着告诉他。顾客不解，便问他们为什么要这么大声地喊。弟弟说，因为他的耳朵听力不好，所以需要大声问哥哥好几遍。这位顾客在他们互相问价的中间发现，弟弟结账的时候，收的钱都要比哥哥告诉他的少一些，这位顾客还以为自己捡了个便宜，于是赶快拿出钱付完款后，卷起衣服就走了，生怕弟弟再问。以后一传十，十传百，兄弟俩耳背卖衣服的事就传开了。好多顾客都到这家店来买衣服，发现还真是这样，每次弟弟结账的时候，和哥哥传递的消息总是发生错误，每次价格都比原来听到的低，于是到这个店里买衣服的人是越来越多。

这个经典的假借囚徒困境打开销路的案例，后来被复制和改良，催生出了另外一个经典的案例：

费城西区有两个互为敌手的商店——纽约廉价品商店和美国廉价品商店。它们正好紧挨着，两店的老板是死敌，他们一直进行着没完没了的价格战。

"出售爱尔兰亚麻床单，甚至连有鹰一般眼睛的贝蒂·瑞珀女士都不能找出任何疵点，不信请问她；而这床单的价格又低得可笑，只需 6 美元 50 美分。"

当一个店的橱窗里出现这样的手写告示时，每位顾客都会习惯地等另一家廉价品商店的回音。

果然，大约过了两小时，另一家商店的橱窗里出现了这样的告示："瑞珀女士该配副近视眼镜了，我的床单质量一流，只需 5 美元 95 美分。"

价格大战的一天就这样开始了。除了贴告示以外，两店的老板还经常站在店外尖声对骂，经常发展到拳脚相加，最后总有一方的老板在这场价格战中停止争斗，价格不再下降。骂那个人是疯子，这就意味着那方胜利了。

这时，围观的、路过的，还有附近每一个人都会拥入获胜的廉价品商店，将床单和其他物品抢购一空。在这个地区，这两个店的争吵是最激烈

的，也是持续时间最长的，因此竟很有名声，住在附近的每个人都从他们的争斗中获益不少，买到了各式各样的"精美"商品。

突然有一天，一个店的老板死了，几天以后，另一个店的老板声称去外地办货，这两家商店都停业了。过了几星期，两个商店分别来了新老板。他们各自对两个商店前任老板的财产进行了详细的调查。一天检查时，他们发现两店之间有条秘密通道，并且在两商店的楼上两老板住过的套房里发现了一扇连接两套房子的门。新老板很奇怪，后来一了解才知道，这两个死对头竟是兄弟俩。

原来，所有的诅咒、谩骂、威胁以及一切相互间的人身攻击全是在演戏，每场价格战都是装出来的，不管谁战胜谁，最后还是把另一位的一切库存商品与自己的一起卖给顾客。真是绝妙的骗局。

读完了这两对精明商人的故事，或许，当我们面对别人表现出来的困境时，应该想一想，到底是真还是假呢？无论如何，囚徒困境被如此灵活地应用，是博弈理论在生活中的巨大的贡献，值得我们每个人深思。

面对困境，谨慎为上

失败往往不是因为人们太傻，而是因为自认为浪聪明。自认为聪明的人，往往会因为自己的精明而坏事。

清朝有一个读书人叫做乔世荣，长得其貌不扬，言行举止也不拘小节，但却精通诗书，颇有文采。某年大考中第，到吏部候职时，因无余银"上贡"，所以坐了好久的冷板凳，最终被分发为一小县的七品县令。

正当走马上任，在途中碰到二人在激烈争吵，一问之下才知道，其中一老者拾获年轻者之钱袋，因心地良善，于原地等候遗失者前来认领，殊不知那遗失钱袋的年轻人，反而一口咬定钱袋装有50两银，而不是现在的10两银，围观的民众也替老者抱不平，但苦无对策还其公道。

这时乔县令首先向老者问话："你捡到这钱袋，都没离开原地？"

老者答："没有。"

乔县令又问："可有人见证？"

围观民众纷纷愿替老者作证。

乔县令于是已有定见地说："这就对了，老者捡到的钱袋，是装10两银，那就不是你的50两银的钱袋。老者拾金不昧，判将10两银的钱袋一并赏你，至于年轻人的50两银钱袋，则由你自己再行寻找吧！"

这时围观的民众都异口同声称赞：乔县令是个好官啊！

这个故事告诉我们：失败往往不是因为人们太傻，而是因为自认为很聪明。自认为聪明的人，往往会因为自己的精明而坏事。上面故事中的年轻人和老者同时陷入了困境，而年轻人自认为谎话说得滴水不漏，但却忽略了作为警察角色的乔世荣。事实上，在一个比自己高明很多的人面前，自作聪明的人是讨不得半点好处的，还不如"坦白从宽"了。

我们再来看一对自作聪明的人的故事，这个故事中的两位主人公双双陷入了囚徒困境，而制造困境的人则是他们的教授。

两位交往甚密的学生在杜克大学修化学课。两人在小考、实验和期中考中都表现甚优，成绩一直是 A。在期末考试前的周末，他们非常自信，于是决定去参加弗吉尼亚大学的一场聚会。由于聚会太尽兴，结果周日这天就睡过了头，来不及准备周一上午的化学期末考试。他们没有参加考试，而是向教授撒了个谎，说他们本已从弗吉尼亚大学往回赶，并安排好时间复习准备考试，但途中轮胎爆了。由于没有备用胎，他们只好整夜待在路边等待救援。现在他们实在太累了，请求教授可否允许他们隔天补考，教授想了想，同意了。

两人利用周一晚上好好准备了一番，胸有成竹地来参加周二上午的考试。教授安排他们分别在两间教室作答。第一个题目在考卷第一页，占了10分，非常简单。两人都写出了正确答案，心情舒畅地翻到第二页。第二

页只有一个问题，占了 **90** 分。题目是："请问破的是哪只轮胎？"结果是，两个学生同时在卷子上乖乖地向教授承认撒谎并检讨。教授通过制造困境，让两个学生的谎话一下被揭穿。能在杜克大学学习的学生绝非不聪明，只是教授更高明。可以想象，陷入困境的两个学生在做第二页的题目的时候，一定在心里进行了博弈分析，最终选择了相对保险一些的"坦白从宽"。毕竟，如果之前没有协商，两个人选同一只轮胎的概率只有 **25%**。

在困境中，"坦白从宽"不光可以帮你将风险降到最低，有时候甚至可以起到"因祸得福"的作用。因为困境的出现，更容易让人看到你的品质，对你有更深刻的了解。

斯汀和戴维是速递公司的两名职员，他们俩是工作搭档，工作一直很认真，也很卖力。上司对这两名员工很满意，然而一件事却改变了两个人的命运。

一次，斯汀和戴维负责把一件很贵重的古董送到码头，上司反复叮嘱他们路上要小心，没想到送货车开到半路却坏了。如果不按规定时间送到，他们要被扣掉一部分奖金。

于是，斯汀凭着自己的力气大，背起邮件，一路小跑，终于在规定的时间赶到了码头。这时，戴维说："我来背吧，你去叫货主。"他心里暗想：如果客户看到我背着邮件，把这件事告诉老板，说不定会给我加薪呢。他只顾想，当斯汀把邮件递给他的时候，一下没接住，邮包掉在了地上，"哗啦"一声，古董碎了。

"你怎么搞的，我没接你就放手？"戴维大喊。

"你明明伸出手了，我递给你，是你没接住。"斯汀辩解道。

他们都知道古董打碎了意味着什么，没了工作不说，可能还要背负沉重的债务。果然，老板对他俩进行了十分严厉的批评。

"老板，不是我的错，是斯汀不小心弄坏了。"戴维趁着斯汀不注意，偷偷来到老板的办公室对老板说。老板平静地说："谢谢你，戴维，我知道了。"

老板把斯汀叫到了办公室。斯汀把事情的原委告诉了老板。最后说：

"这件事是我们的失职，我愿意承担责任。另外，戴维的家境不太好，他的责任我愿意承担。我一定会弥补我们所造成的损失。"

斯汀和戴维一直等待着处理的结果。一天，老板把他们叫到了办公室，对他们说："公司一直对你们俩很器重，想从你们两个当中选择一个人担任客户部经理，没想到出了这样一件事，不过也好，这会让我们更清楚哪一个人是合适的人选。我们决定请斯汀担任公司的客户部经理。因为，一个能勇于承担责任的人是值得信任的。戴维，从明天开始你就不用来上班了。"

"老板，为什么？"戴维问。

"其实，古董的主人已经看见了你们俩在递接古董时的动作，他跟我说了他看见的事实。还有，我看见了问题出现后你们两个人的反应。"老板最后说。

在这个故事中，戴维和斯汀都不知道老板已经知道事情的真实情况，他们采取了截然不同的做法：一个自以为是地去责怪别人，推卸本来应该承担的责任；另一个则主动承担责任，体现了极高的个人品质。结果，戴维得到了惩罚，而斯汀则"因祸得福"，成为了经理。

走出困境的两种方式

在生活中，囚徒困境可能会随时发生在我们身上，所以，一个很现实的问题，就是如何走出囚徒困境。

由于博弈的双方都是想取得一个令自己满意的结果，所以，首先应该要保证自己对对方充满信任是非常重要的。摒除猜疑的想法，建立起一种相互信任的气氛，可以极大地帮助人们走出困境。

　　1944 年的圣诞夜，两个迷了路的美国大兵拖着一个受了伤的兄弟在风雪中敲响了德国西南边境亚尔丁森林中的一栋小木屋的门，它的主人，一个善良的德国女人，轻轻地拉开了门上的插销。

　　家的温暖在一瞬间拥抱了两个又冷又饿的美国大兵。女主人开始有条不紊地准备圣诞晚餐，没有丝毫的慌乱与不安，没有丝毫的警惕与敌意。因为她相信自己的直觉：他们只是战场上的敌人，而不是生活中的坏人。美国大兵们静静地坐在炉边烤火，除了燃烧的木柴偶尔发出一两声脆响外，静得几乎可以听见雪花落地的声音。

　　正在这时候，门又一次被敲响了。站在满心欢喜的女主人面前的，不是来送礼物和祝福的圣诞老人，而是四个同样疲惫不堪的德国士兵。女主人同样用西方人特有的方式告诉她的同胞，这里有几个特殊的客人。今夜，在这栋弥漫着圣诞气息的小木屋里，要么发生一场屠杀，要么一起享用一顿可口的晚餐。在女主人的授意下，德国士兵们垂下枪口，鱼贯进入小木屋，并且顺从地把枪放在墙角。

　　于是，1944 年的圣诞烛火见证了或许是二战史上最为奇特的一幕：一名德国士兵慢慢蹲下身去，开始为一名年轻的美国士兵检查腿上的伤口，而后扭过头去向自己的上司急速地诉说着什么。人性中善良的温情的一面决定了他们的感觉是奇妙而美好的，没有人担心对方会把自己变成邀功请赏的俘虏。第二天，睡梦中醒来的士兵们在同一张地图上指点着，寻找着回到己方阵地的最佳路线，然后握手告别，沿着相反的方向，消失在白茫茫的林海雪原中。

　　在上面这个故事中，美国士兵和德国士兵可以说是战争的死敌，但是由于受到客观条件的影响，共同陷入了困境。庆幸的是，他们和女主人一起建立了一种和谐的相处关系，并最终一同走出了困境，令人称奇。

　　试想一下，如果在这个困境中，双方有一方产生了不和谐的想法，势必会引发杀戮，结果必然是两败俱伤。所以，保持这种和谐信任的关系，是双方的明智之举，而这种关系必须依赖相互信任的态度。

　　如果想共同走出困境，人们还应该摒弃自私的心理，共同合作，达到利益的最大化。

一座煤矿在凌晨突然停电，九名矿工被迫停止作业，他们只得在漆黑的深井中等待。片刻后他们等来的不是光明，而是比停电更可怕的泥石流。汹涌而至的泥石流轰隆隆涌向他们。本能的求生欲望驱使他们拼命往主巷道跑，慌乱中一名矿工不小心被矿车夹住，不能动弹，另一名矿工陷入一个泥坑。黑暗的矿道里七名矿工停止了奔跑，异口同声地说："不能再跑了，救人要紧！"他们使劲把两名同伴拽了出来，躲过了死神的第一劫。

在主巷道五十米处他们又开始了与死神的第二次较量。泥石流滚滚向前，随时有淹没他们的可能。跑了一段时间后他们齐心协力用煤块、石块和矿车垒起一道厚厚的墙阻挡泥石流，然后趁机后退，退到主巷道一百一十米处，他们找到了通风巷和氧气源。

很显然，在这种极度危险的处境下光有氧气远远解救不了他们。吃喝是最大的生存问题。矿井中没有任何食物，他们同时想到了吃树皮。一个年长的矿工决定分成三组按时间轮流到不远处扒柳木矿柱的树皮。第一次几名矿工扒来的树皮他们吃了两天。第二次两名矿工使出浑身力气扒回了六根矿柱，然后扒下树皮给大家吃。光吃树皮没有水，饥饿和黑暗像猛兽一样威胁着他们，他们的身体越来越虚弱。一个年轻的矿工冒着危险在通风巷附近找到了一个足够让他们喝很长时间的水坑，喝水时他们并没有只顾及自己。扒树皮用的力气较大，年轻的矿工扒树皮给年长的吃；年长的用矿帽舀来水让年轻的喝。在漫长的黑暗中，有人困顿泄气了，年长的矿工就会给他们讲自己一生当中遭受的磨难，他说："我一生当中经历了多次比这更危险的大风大浪，现在我不是挺过来了吗？人生的道路还很长，眼前的危险算得了什么？再坚持坚持，肯定会有人来救我们的。只要有一线希望，我们就决不能放弃！"长者的鼓励使那些虚弱的矿工信心陡增，他们又开始了新的抗争……

就在他们在黑暗中与死神较劲的同时，外边的营救人员争分夺秒地动用一切力量营救他们。八天八夜后，他们得救了！他们终于创造了生命的

奇迹。

矿工之所以能够走出困境，是因为相互之间无私的帮助。当有人被卡住的时候，他们会冒着生命危险停下来帮助；当体力出现困难的时候，他们会相互扶持，相互鼓励。最终走出困境的，不光是他们自己，更是他们那种无私的相互帮助的精神。

这个故事还提醒我们，如果一个团队，能够面对困境时，相互鼓励，互相帮助，毫无私心的话，那么，这将是一个无比强大的团队，面对他们的一定是胜利的曙光。有这样一个发生在企业里的真实故事：

一个南方做家具生意的老板，在创业之初，公司曾一度面临破产。当时，他借钱来给员工发工资，因为他想到了员工来公司上班是养家糊口，拿不到工资，生活就会陷入困境。员工得知这个消息的时候，非常感动。

又过了一个月，情况并没有好转，老板痛心地召集来所有的员工，对他们说："对不起，公司的资金出现了周转困难，现在如果有人想辞职，我会立刻批准，但要在平时，我会挽留，如今我已经没有理由挽留大家了。我会发给大家最后一个月的薪水，在你们找到新的工作之前，这些钱可能还够用。"

"老板，我不走，我不能在这个时候离开。"一个员工说。

"老板，我们一定会战胜困难的。"另一个员工说。

"是的，我们不会走的。"很多员工都这样说。

没有一个员工离开公司，老板感动得痛哭流涕。这些员工心里明白，这个时候如果走了，这个公司就会彻底完蛋，老板还会因为借钱发工资而欠下不小的债务，而自己再坚持一下，或许还能看到转机。

最后，他们真的迎来了转机。老板带领着员工们动用了自己所有的力量，业务一天比一天好，终于扭亏为盈，让公司走出了困境。

对于任何团队来说，困境是考验其凝聚力的最有效途径，也正是困境，让好团队和差团队区别开来。那些卓越的、团结一心的团队，在走出困境之后，很容易大展宏图，共同分享胜利的果实；而相互猜疑的差团队，在困境的考验中，很容易一泻千里，被社会所淘汰。

坚持到底才能成为赢家

在我们的生活中，竞争无处不在，商业社会更是如此。在竞争之下，企业难免会陷入囚徒困境的博弈，只不过，在这场博弈中，谁放弃谁将会失去主动，坚持到底才是更优的策略。

2007 年底的一场并购之争，博弈的一方——国美电器，成功地并购了大中电器，在并购战中彻底战胜了老对手苏宁电器，或许这次博弈能够给我们一些启发。

2007 年 12 月 20 日，由国美集团副总裁牟贵先领衔的新大中管理团队亮相，正式宣告家电北京连锁市场"三足鼎立"时代的结束，进入全面"（国）美苏（宁）争霸"时代。

苏宁与大中最早接触是在 2006 年 7 月 25 日国美并购永乐时，张大中不堪被永乐"暗算"而转而结盟苏宁，表示希望在合适的时机"择优而合"。2007 年 4 月 11 日，苏宁发布公告称："公司委托了第三方财务顾问与大中电器就行业发展、双方合并事项进行了沟通与交流。"至 11 月底，苏宁三十亿元收购大中的计划似乎逐渐明朗：苏宁接管了大中电器北京以外的门店，苏宁人员开始进入大中电器北京主要门店，并开始安装苏宁独有的销售终端 POS 机和监视器。大中北京分公司总经理已向员工传达收购后不会有裁员和降薪之举。一切显示，收购似乎指日可待。

然而，事情从 2007 年 12 月 11 日开始起了变化。

12 月 11 日，苏宁在北京召开"打响 2007 年收官五大战役"记者见面会，大中方面通过各种渠道向记者打听会议的内容。会上，苏宁华北区执行总裁范志军回避了有关苏宁收购大中的问题，而是强调苏宁通州梨园

3C＋旗舰店将于 12 月 15 日开业。

12 月 12 日下午，苏宁突然将已安装在大中电器门店的 POS 机和监视器拆除卸走，苏宁人员同时撤出。晚上 9 点，苏宁发布公告宣布退出大中并购。正当人们还没从苏宁为何放弃大中的疑问中缓过神来时，第二天 12 月 13 日，国美即发布公告参与并购大中。12 月 14 日 22 时 58 分，国美发布公告宣布借助第三方曲线收购大中，并在当天就划拨出 36 亿元。

苏宁在公告中解释，之所以退出对大中的收购，是由于与大中"在核心条款上未达成共识"。所谓的核心条款就是收购价格。

据知情人士透露，在最终的谈判中，张大中放弃了最初的"希望能够成为买方的股东之一，继续利用自己的团队、品牌和经验让企业发展"的想法，而是真正做到"全身而退"，所以要求收购方必须给出现金，而非通常收购所采用的"现金加股票"的方式。

但即便如此，也不是简单的价高者得。由于苏宁已经与大中进行了近一年的接触，苏宁委托的第三方机构已经对大中内部情况进行了详细的摸底，双方虽然一直没有签订收购合同，但也基本上达成了口头的"君子协定"：在面对多方买家时，倘若第三方的出价高于苏宁 2 亿～3 亿元，苏宁都具有优先购买权；但倘若第三方出价超出这个范围，大中自然也有选择新的买家的权利。

有人质疑，为何苏宁与大中谈了一年多却迟迟没签协议，最终让国美抢了先机？也许这正是苏宁缺乏并购经验的表现。对此，知情人士认为，正是由于苏宁与大中接触了一年多，对大中的家底有足够的了解，才会在价格上患得患失，甚至认为在收购价格上还有再商量的余地。

这就是一场囚徒的博弈。

大中是铁定要卖的，时间拖得越久，价格可能会越低，这恐怕就是苏宁一直不急于出手的原因。虽然，苏宁深知，收购大中将成为其进入北京这个重要市场，并具备与国美抗衡的最难得的，也是唯一的机会。而且，大中在北京的门店布局与苏宁的重合度在 15% 左右，与国美的重合度在 50% 以上，因此，苏宁认为由自己收购大中会更有意义。另外，一向重情义的苏宁集团董事长张近东手中的另一张牌就是张大中的情感因素。在国美收购永乐之后，张大中自感被永乐"欺骗"，加上与国美在北京市场近二十年的竞争，难免存在不少"交恶"的记录，而苏宁自然而然成为了大中的患难之交。

但显然，苏宁低估了国美在资本市场的运作能力。试想，如果苏宁收购大中，其在北京市场的占有率将超过国美稳坐第一的位置。"卧榻之侧岂容他人酣睡"，况且是在国美的大本营北京，以黄光裕的做事风格是绝对不能忍受的。据知情者透露，在最后关头，黄光裕显示出了志在必得的魄力：无论苏宁出价多少，国美都会加价20%。这个价格超过了苏宁、大中"君子协定"中2亿~3亿元的底限，也超出了苏宁的心理预期，甚至让人觉得这是大中用来要挟苏宁的砝码，于是苏宁选择了退出。

更重要的是，国美没有再给对手任何反悔的机会，迅速签下协议并发布公告。即使苏宁有意反悔，也无力回天了。

对于苏宁最后的放弃，苏宁电器总裁表示："作为一个上市公司，任何收购都是要为投资者负责的，苏宁不能为了与竞争对手的博弈而放弃这个原则。国美收购大中对苏宁未尝不是一件好事。"

虽然多花了些钱，但国美大获全胜，在业界赚足了面子——国美出手、谁与争锋，并且巩固了国内连锁业王者的地位。国美电器新闻发言人何阳青认为，在目前已经饱和的连锁家电市场，兼并是一种最好的选择。未来，国美和大中的门店业态将形成差异化，如3C卖场、旗舰店等多种类型，为消费者提供不同的选择。

家电资深人士分析，国美收购大中更重要的意义不在于又多了多少店，而是在某种程度上消灭了对手、拦截了对手。

黄光裕又一次表现了自己强悍的本性——与当年和百思买争夺北京宜家旧址一役类似，黄光裕在最后一刻改写了故事的结局。

黄光裕一举成功的关键是基于两个判断：一是大中是铁定要卖的，时间拖得越久，价格可能会越低，这是苏宁一直不急于出手的原因。二是在最后关头，黄光裕显示出了志在必得的魄力。

　　仔细想想，为什么苏宁会在这场竞争中败下阵来？关键在于它违背了囚徒困境，放弃了竞争。并购就是一场博弈，国美和苏宁就像囚徒困境中的两个匪徒，坚持下去对任何一方都是占优的策略，放弃者将会失去主动。

　　商业社会不相信誓言，只相信"胜者为王，败者为寇"的道理，所以，坚持到底的才是最后的赢家。对于企业来说，做囚徒，就要做强悍的囚徒。

第三章　困境博弈——两难境地如何选择

博弈制胜

第四章

信息博弈——用好你手中最有价值的筹码

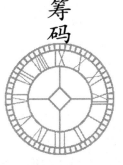

　　信息也是博弈的筹码。有信息共享时，我们要善于利用；没有信息时，我们要静观其变，以待时机。用得好，信息往往就会成为我们博弈制胜的法宝。

信息是博弈的筹码

在博弈中，信息的作用是至关重要的。

以前有个做古董生意的人，他发现一个人用珍贵的茶碟作猫食碗，于是假装很喜爱这只猫，要从主人手里买下。古董商出了很大的价钱买了猫。之后，古董商装作不在意地说："这个碟子它已经用惯了，就一块儿送给我吧。"猫主人不干了："你知道用这个碟子，我已经卖出多少只猫了吗？"

古董商万万没想到，猫主人不但知道，而且利用了他"认为对方不知道"的错误大赚了一笔，这才是真正的"信息不对称"。信息不对称造成的劣势，几乎是每个人都要面临的困境。谁都不是全知全觉，那么怎么办？首先，为了避免这样的困境，我们应该在行动之前，尽可能掌握有关信息。人类的知识、经验等，都是你将来用得着的"信息库"。

华尔街历史上最富有的女人——海蒂·格林是一个典型的葛朗台式的守财奴。她曾为遗失了一张几分钱的邮票而疯狂地寻找数小时，而在这段时间里，她的财富所产生的利息足够同时代的一个美国中产阶级家庭生活一年。为了财富，她会毫不犹豫地牺牲掉所有的亲情和友谊。无疑，在她身上有许多人性中丑陋的东西。但是，这并不妨碍她成为资本市场中出色的投资者。她说过这样一段话："在决定任何投资前，我会努力去寻找有关这项投资的任何一点信息。赚钱其实没有多大的窍门，你要做的就是低买高卖。要节俭，要精明，还要持之以恒。"这个故事告诉我们：我们并不一定知道未来将会面对什么问题，但是你掌握的信息越多，正确决策的可能就越大。在人生博弈的平台上，你掌握的信息的优劣和多寡，决定了你的胜算。

有了信息，行为就不会盲目，这一点在商业争斗、军事战争、政治角逐中都表现得十分明显。《孙子兵法》云：知己知彼，百战不殆。这说明掌握足够的信息对战斗的好处是很大的。在生活的"游戏"中，掌握更多的信息一般是会有好处的。比如恋爱，你得明白他（她）有何所好，然后才能对症下药、投其所好，不至于吃闭门羹。又比如猜拳行令，如果你了解对方的规律，那你的胜算就会比较大。

信息是否完全会给博弈带来不同的结果，有一个劫机事件的例子可以说明。假定劫机者的目的是逃走，政府有两种可能的类型：人道型和非人道型。人道政府出于对人道的考虑，为了解救人质，同意放走劫机者；非人道政府在任何时候总是选择把飞机击落。如果是完全信息，非人道政府统治下将不会有劫机者。这与现实是相符的，在汉武帝时期，法令规定对劫人质者一律格杀勿论，有一次一个劫匪绑架了小公主，武帝依然下令将劫匪射杀，公主也死于非命，但此后国内一直不再有劫持人质者。人道政府统治下将会有劫机者。但是，如果想劫机的人不知道政府的类型，那么他仍然有可能劫机。所以，一个国家要防止犯罪的发生，仅有严厉的刑罚是不够的，还要让人民了解那些刑罚（进行普法教育）。因为，他不知道会面临刑罚，他就不会用那些规则来约束他的行为。在我国，法盲是很多的，许多悲剧也正是因为不了解法律而酿成的。从人类诞生以来，人们从来没有像现在这样深刻地意识到信息对于生活的重要影响，也从来没有任何一个时代像现在一样，信息如此繁多，这就需要我们时刻准备着，及时掌握各方信息，并用以指导自己的行为。

信息的提取和甄别

信息的提取和甄别，是博弈中一个关键的问题。

在博弈过程中，不但要发出一些影响对方决策的信号，还要尽量获取对方的信息，并对这些信息进行筛选和鉴别。

所罗门王断案的故事恰好说明了这点。

所罗门王曾断过一个妇女争孩子的案子。有两个妇女都说孩子是自己的，当地官员无法判断，只好将妇女带到所罗门那里。所罗门稍想了一下，就对手下人说，既然无法判定谁是孩子的母亲，那就用剑将孩子劈成两半，两人各得一半。

这时，其中的一个妇女大哭起来，向所罗门请求，她不要孩子了，只求不要伤害孩子，另一个妇女却无动于衷。所罗门哈哈一笑，对那个官员说："现在你该知道，谁是那个孩子真正的母亲了吧。任何一个母亲都不会让别人伤害自己的孩子的。"

在这个故事里，所罗门并没有把这件事看做一个直截了当的、非此即彼的选择，而是深入地思考这个问题，通过恐吓性的试探，提取到了情感和心理深处的信息。

所罗门通过挖掘深层信息对事件有了更全面的把握，而有的信息则不需挖掘，事件本身就一直向人们传达着信息。但这样的信息往往真假难辨，需要人们对信息进行甄别。当然凭常识判断，可以看出一些信息的真假，比如市场上许多良品的商誉都是花不小的代价建立的，有的甚至经过几十年才打造了一个品牌，而消费者对它们也格外信赖。相反，如果建立商誉的成本很小，那么大家都会建立"商誉"，结果等于谁也没建立商誉，消费者也不领情。在大街上，我们看惯了"跳楼价"、"自杀价"、"清仓还债，价格特优"等招牌，这也是信息，但谁相信它是真的呢？但有的信息是可以以假乱真的，这种情况就需要人们仔细甄别以选出真正的有利信息，就像所罗门那样挖掘深层次的信息以用于事件的判断。商战中，信息战是一种常用的伎俩。

重庆通信市场曾发生过一起案例，就说明了隐瞒信息的重要性。前几年，中国联通重庆公司在报上突然发布广告：次日手机降价。中国电信重庆公司随即获悉这一消息，当天下午即商讨对策，晚上将电信手机降价方

第四章 信息博弈——用好你手中最有价值的筹码

63

案送往报社立即发排。第二天清早，电信一些员工和雇用的临时的广告派发员便将电信手机即日降价的广告发给过往的行人。结果，电信打了一个漂亮的"后发制人"的仗。联通的失败在于，他们把谋划已久的降价的商业秘密没有保守到真正的最后时刻，从而为电信采取行动留下了空隙。

❦ 公共信息下的锦囊妙策 ❦

在信息公开的情况下，彼此都知道对方的情况和虚实。这就需要一些设局之策来达到博弈胜利的目的。所谓兵不厌诈，双方在知己知彼的情况下，就更需要一些计谋来取得胜利。

1934 年，蒋介石消灭孙殿英军阀势力所谋划的计策，就是想力图收到这样的功效。

在民国历史上，被蒋介石打败的军阀中，孙殿英实力并不强，但是他像一块牛皮糖，很难啃。

1930 年，中原大战的时候，孙殿英起先犹豫不定，后来看见蒋介石只有四十万军队，而冯阎加起来有七十万之众，以为蒋介石会失败，就热心投奔了冯玉祥，冯玉祥封他为安徽省主席。蒋介石为了拉拢孙殿英，特地委派当时任河南省建设厅长的张钫到孙殿英处游说，带着手谕和四十万大洋巨款，给了孙殿英。结果，孙殿英脚踏两只船，一方面收下巨款，另一方面，拒绝投靠蒋介石。但为了留下后路，他将张钫礼送出境。孙殿英想耍弄蒋某人，深为蒋介石所痛恨，蒋介石开始等待时机收拾他。

1933 年，蒋介石突然对孙殿英下发了一纸委任状，任命他为青海省屯垦督办。蒋介石之所以作这样的委任，并不是他对孙殿英承诺食言的一种补偿，而是采纳了何应钦的主意，决定以计策最终解决孙殿英部队。

当时，西北地区由"三马"控制，马步芳控制青海，马鸿奎和马鸿宾控制甘肃、宁夏。"三马"在当地势力极大，对蒋也是阳奉阴违，蒋也颇为头疼，派孙在西北正好可以牵制"三马"。

何应钦在向蒋献策时，陈述了此计至少有三种好处：一是防止孙殿英与冯玉祥合作，削弱冯玉祥的势力；二是通过"三马"攻打孙殿英，使孙殿英这个非嫡系部队瓦解；三是通过孙殿英去攻击"三马"，即使"三马"被消灭不了，也会给其造成重大的打击。

孙殿英得到蒋介石的任命后，十分高兴，以为这次有归属了。尽管有人对他说蒋某人送的这份礼是不好收的，会冒很大风险，但孙殿英以一个赌徒的心理，就此一博。

但孙殿英准备向西北进军的时候，蒋又突然发令阻其前进。

蒋介石再次出尔反尔，并不是什么健忘，而是进一步运筹他的计策。他料到，西北"三马"绝对不会允许外人来抢占他们的地盘，肯定要反击，同时对蒋介石也心存不满。蒋介石要稳住西北"三马"，为了安抚"三马"，他才命令孙殿英停止前进，给"三马"先吃一颗定心丸。而他也预料到孙殿英一定会拼命地要抢这块地盘，肯定不会老老实实地遵守他的命令，而是继续进攻"三马"，这样既能够使孙殿英和"三马"大战，又能将自己置于局外。

果不其然，接到蒋介石的命令后，孙殿英明白了蒋介石的诡计，但事情已经如此，不打已是不行了。1934年1月，他下了攻击令。

而另一边，蒋承诺给"三马"钱财，叫"三马"攻击孙殿英。

同年2月，孙殿英攻击"三马"的进程十分不顺利，随即亲自组织人马攻击，但仍然失败，三万人死伤很多，不得不转入防守。为了防止孙殿英部队兵败到处流窜，蒋介石命令阎锡山的王靖国部驻扎在临河，堵住孙逃往山西的退路，这又给了阎锡山一个人情。同时命令胡宗南部到达中卫，准备一旦"三马"抵挡不住，他们就继续攻击。三路大军同时进攻，使孙殿英惊恐万状，他深知已经上了蒋介石的当，但悔之晚矣。这时蒋介石抢先公布孙殿英的罪状，停发了他的军饷，然后派人劝孙殿英投降。走投无路的孙，只好缴枪投降了，自己宣布下野，到山西隐居。

蒋介石施计，解决西北地方军阀问题，收到一石三鸟的功效。从此计谋的设计、实施过程看，蒋介石考察得比较周全。用此计解决孙殿英，顺带解决西北"三马"问题的计策是何应钦献的。蒋介石能接纳部属的进言，实为难得。孙殿英的弱点是没有固定的地盘，没有支撑点，如同流寇；要地盘心切，会缺乏对"诈"术的防范。蒋介石借此挑起地方军阀的争斗，坐山观虎斗，企盼从中渔利，此计用"缺德"二字贬损并不过分。但是，就蒋介石要实现的目标而言，只有这样，才有可能创造一石三鸟的机会。在"义"与"利"的选择上，蒋介石常常是以利为中心的。在实施上，蒋介石作了多种防范，比如调动阎锡山部阻塞孙殿英的退路，给阎以利益；命令胡宗南集合重兵，形成强大的威慑力。

从博弈的观点来看，在解决孙殿英的过程中，蒋介石没有费一枪一弹，就把这个心腹之患除掉了。他充分利用了孙殿英的虚荣心，使之对抗自己的心腹大患"三马"，略施小计，便获得一石三鸟之奇效，在与地方军阀斗法中又一次胜利。因为在蒋与军阀斗法中，大家的实力互相都了解，属于公共信息环境。这样，如果强攻硬战的话必定会两败俱伤，所以要想一个周全之策，即用一石三鸟、借刀杀人之计。

这种利用公共信息环境，利用诡计，借力使力的招数在三国时期也经常上演。在三国时期，曹操率领号称八十三万的大军，准备渡过长江，占据南方。当时，孙刘联合抗曹，但兵力比曹军要少得多。

曹操的队伍都由北方骑兵组成，善于马战，可不善于水战。正好有两个精通水战的降将蔡瑁、张允可以为曹操训练水军。曹操把这两个人当做宝贝，优待有加。

一次，东吴主帅周瑜见对岸曹军在水中排阵，井井有条，十分在行，心中大惊。他想一定要除掉这两个心腹大患。

曹操一贯爱才，他知道周瑜年轻有为，是个军事奇才，很想拉拢他。曹营谋士蒋干自称与周瑜曾是同窗好友，愿意过江劝降。曹操当即让蒋干过江说服周瑜。

周瑜见蒋干过江，一个反间计就已经酝酿成熟了。他热情款待蒋干，酒席筵上，周瑜让众将作陪，炫耀武力，并规定只叙友情，不谈军事，堵住了蒋干的嘴巴。

周瑜佯装大醉，约蒋干同床共眠，并且故意在桌上留了一封信。蒋干偷看了信，原来是蔡瑁、张允写来，约定与周瑜里应外合，击败曹操。这时，周瑜说着梦话，翻了翻身子，吓得蒋干连忙上床。过了一会儿，忽然有人要见周瑜，周瑜起身和来人谈话，还装作故意看看蒋干是否睡熟。蒋干装作沉睡的样子，只听周瑜他们小声谈话，听不清楚，只听见提到蔡、张二人。于是蒋干对蔡、张二人和周瑜里应外合的计划确认无疑。

他连夜赶回曹营，让曹操看了周瑜伪造的信件，曹操顿时火起，杀了蔡瑁、张允。

从周瑜所施的这个计谋来看，不仅可以看出周瑜的聪明之处，还有周瑜的设局之策。如果他不采取这个策略，那么蒋干就会处于主动的地位，即使自己不被蒋干说服，也不会得到什么好处。然而，他采用了这个反间之计，不仅没有给蒋干做说客的机会，而且还除掉了蔡瑁、张允两个心腹大患，可谓是一举两得。曹操派蒋干来刺探军情，是想充分了解敌人的信息，在这种情况下将计就计无疑是最佳策略，因为表面上虽然曹操掌握了对方的信息，而实质上正中了周瑜的计中计，这其实是一种虚假的公共信息环境。

除了赤壁之战里周瑜的将计就计外，曹操"隔岸观火"除掉袁绍儿子也属于这种情况。东汉末年，袁绍兵败身亡，几个儿子为争夺权力互相争斗，曹操决定击败袁氏兄弟。袁氏兄弟迫不得已投奔公孙康。曹营诸将向曹操进言，要一鼓作气，平服辽东，捉拿二袁。曹操哈哈大笑说，你等勿动，公孙康自会将二袁的头送上门来的。于是曹操转回许昌，静观局势。公孙康听说二袁来降，心有疑虑。袁家父子一向都有夺取辽东的野心，现在二袁兵败，如丧家之犬，无处存身，投奔辽东实为迫不得已。公孙康如收留二袁，必有后患，再者，收容二袁，肯定得罪势力强大的曹操。但他又考虑，如果曹操进攻辽东，只得收留二袁，共同抵御曹操。当他探听到曹操已经转回许昌，并无进攻辽东之意时，认为收容二袁有害无益，于是解决了二袁并把首级送到曹营。曹操笑着对众将说，公孙康向来惧怕袁氏吞并他，二袁上门，必定猜疑，如果我们急于用兵，反会促成他们合力抗拒，我们退兵，他们肯定会自相火并。看看结果，果然不出所料。

从曹操和袁氏兄弟之间的关系我们可以看出，他们之间就是一种博弈关系。曹操根据公孙康与二袁的利益冲突采取了转回许昌的策略，而公孙康在得知曹操转回许昌，不进攻辽东的时候，便采取了杀死二袁的策略，从而达到自己利益的最大化。在这个故事中，袁氏兄弟和公孙康的矛盾众所周知，在这种情况下，属于公共信息，而曹操对此加以利用，不用出兵，坐山观虎斗，自己却获得了最大的收益。

❧ 信息不对称下的制胜之道 ❧

> 在信息不对称的时候，要善于利用假信息迷惑对方，取得自己的有利地位。

在实际生活中，很多情况是在非公共信息环境下发生的。在信息缺乏的时候，就要参加一场博弈。比如，人寿保险公司并不知道投保人真实的身体状况如何，只有投保人自己对自身健康状况才有最确切的了解；政府官员廉洁与否，一般的公民并不是非常清楚；求职者向公司投递简历，求职者的能力相对而言只有自己最清楚，公司并不完全了解。最常见的例子就是买卖双方进行交易时，对交易商品的质量高低，自然是卖方比买方更加了解。

这些都是生活中最常见的事件，这种情况就属于信息不对称。之所以有这些信息不对称的情况，是因为存在"私有信息"。所谓"私有信息"，通俗地讲，就是如果某一方所掌握的信息对方并不知道，这种信息就是拥有信息一方的私有信息。简单地说，如商家的产品是否有严重缺陷，这样的信息往往只被能接近和熟悉这种产品的人观察到，那些不熟悉这种产品的人无从了解或难以了解。

在信息不对称的时候，要善于利用假信息迷惑对方，取得自己的有利地位。比如商家经常以次充好，战场上以弱示强，政治上以假乱真，官场上欺上瞒下。贾似道就是利用信息不对称而官运亨通的。

宋理宗过世后，度宗即位。度宗本是理宗的皇侄，因过继为子而即位，时年二十五岁。度宗上台之后，曾一度亲理政事，限制大奸臣贾似道的权力，显得干练有为，确实干了几件好事，朝野上下为之一振，觉得度宗给他们带来了希望。贾似道的权力受到了极大的限制，有人上疏弹劾贾似道。贾似道看到，如果这样下去，自己将会有灭顶之灾。

于是，贾似道精心设计了一个巨大的阴谋。

他先弃官隐居，然后让自己的亲信吕文德从湖北抗蒙前线假传边报，说是忽必烈亲率大兵来袭，看样子势不可挡，有直取南宋都城临安之势。度宗正欲改革弊政，励精图治，没想到当头来了这么一棒。他立刻召集众臣，商量出兵抗击蒙军之事。宋度宗万万没有想到，满朝文武竟没有一人能提出一言半语的御兵之策，更不用说为国家慷慨赴任，领兵出征了。这时，贾似道却隐居林下，优哉游哉地过着他的隐士生活。

前线警报传来，数十万蒙古铁骑急攻，都城临安急需筑垒防御，这一切，使得度宗心惊肉跳，他不得不想起朝廷中唯一的一位能抗击蒙军取得"鄂州大捷"的英雄贾似道。他深深地叹了口气，在无可奈何之下，只好以皇太后的面子，请求贾似道出山。谢太后写了手谕，派人恭恭敬敬地送给贾似道。这么一来，贾似道放心了。他可得拿足了架子再说，先是搪塞不出，继而又要度宗大封其官。度宗无奈，只好给他节度使的荣誉，尊为太师，加封他为魏国公。这样，贾似道才懒洋洋地出来"为国视事"。

贾似道知道警报是他令人假传的，当然要做出慷慨赴任、万死不辞，甚至胸有成竹的样子。他向度宗要了节钺仪仗，即日出征，这真令度宗感激涕零，也令百官惶愧无地。天子的节钺仪仗一旦出去，就不能返回，除非所奉使命有了结果，这代表了皇帝的尊严。贾似道出征这一天，临安城人山人海，都来看热闹。贾似道为了显示威风，居然借口当日不利于出征，令节钺仪仗返回。这真是大长了贾似道的威风，大灭了度宗的志气。等贾似道到"前线"逛了一圈，无事而回，度宗和朝臣见是一场虚惊，额手称庆尚且不及，哪里还顾得上追查是谎报还是实报呢。

贾似道"出征"回来，度宗便把大权交给了他，贾似道还故作姿态，再三辞让，屡加试探要挟，后见度宗和谢太后出于真心，他才留在朝中。这时，满朝文武大臣也争相趋奉，把他比作是辅佐成王的周公。通过这场考验，年轻的度宗对朝臣完全失去了信心，他至此才理解为什么理宗要委政于贾似道。原来满朝文武竟无一人可用，贾似道虽然奸佞，但困难当头之际，只有他还"忠勇当前"，敢于"挺身而出"。度宗哪里知道，满朝文武懦弱是真，贾似道忠勇却是假。

度宗被瞒，不知不觉地坠入了贾似道的奸计之中。从此，度宗失去了治理朝政的信心和热情，把大权往贾似道那里一推，纵情享乐去了。

贾似道再一次"肃清"朝堂，他在极短的时间内，把朝廷上下全换成了自己的亲信，甚至连守门的小吏也要查询一遍。这样，赵宋王朝实际上变成了贾氏的天下。

贾氏从头到尾的信息都是假的，他利用朝廷与战场信息不对称的环境，制造假信息，迷惑对方，达到了自己控制朝廷的目的。

没有信息时善于等待时机

在很多情况下，实力和地位与发展都不呈正比关系，这时就需要有效地把自己的实力和意图隐蔽起来，静观其变，等待机会。

虽然信息之于博弈很重要，但没有信息的情况也是常有的。有道是：蛟龙未遇，潜身于鱼虾之间；君子失时，拱手于小人之下。真功夫不可告人，自有其理由。有时是时机不成熟，必须像猎人一样耐心潜伏着，等待猎物出现；有时是为了让对手充分表演，完全彻底地暴露出他的全部招数，然后再抓住其要害给予致命打击，让他领略后发制人的厉害。

在很多情况下，实力和地位与发展都不呈正比关系，这时就需要有效地把自己的实力和意图隐蔽起来，静观其变，等待机会。

所以，为了有效地打击对手，首先要有效地隐蔽自己、保护自己，也就是要做出假象来迷惑敌人，让他按着自己的意图去行动。我强时，不急于攻取，须以恭维的言辞和丰厚之礼示弱，使其骄傲，待暴露缺点，有机可乘时再击破之。

过于善良的人往往不懂得这一点，以为天下人都同自己一样，结果，以善良待人，反被伤害，成了牺牲品。即使不以打击对方为目的，为了不遭对方打击，也不应天真地将自己的一切暴露无遗，使自己毫无还手余地。所以，善良诚可爱，善于在险恶世道中保存这份善良，则更为可贵。

北宋丁谓任宰相时期，把持朝政，不许同僚在退朝后单独留下来向皇上奏事。只有王曾非常乖顺，从没有违背他的意图。

一天王曾对丁谓说："我没有儿子，老来感觉孤苦。想要把亲弟的一个儿子过继来为我传宗接代，我想当面乞求皇上的恩泽，又不敢在退朝后留下来向皇上启奏。"

丁谓说："就按照你说的那样去办吧！"

王曾趁机单独拜见皇上，迅速提交了一卷文书，同时揭发了丁谓的行为。丁谓刚起身走开几步就非常后悔，但是已经晚了。没过几天，宋仁宗上朝，丁谓就被贬到崖州去了。

王曾能顺服丁谓的苛求，而终于实现揭发丁谓的目的，不能不归于静观其变之功。

善于等待机会是事业成功和克敌制胜的关键。一个不懂得等待的人，即使能力再强、智商再高，也难战胜敌人。

一位老总在总结自己成功的经验时说："五年打基础，五年打天下，用它十年或二十年，终有一天，在哪里积累就在哪里成功。"这里的积累，可以说就是一种等待机会的表现。

机会是博弈制胜的关键

机会就是信息，有机会、有信息才会在人生的博弈舞台上获得成功。

机会是博弈制胜的关键，但机会都是随机的，它总是垂青于有准备的头脑。对于机会，我们不仅要善于等待，更要善于抓住机会，成就自己的人生，因为机不可失，失不再来。

纽约的基姆·瑞德先生原先从事过沉船寻宝工作，在遭遇那只高尔夫球前，他的日子过得很平凡。

一天，他偶然看到一只高尔夫球因为打球者动作的失误而掉进湖水中，霎时，他仿佛看到一个机会。他穿戴好潜水工具，跳进了朗伍德"洛岭"高尔夫球场的湖中。在湖底，他惊讶地看到白茫茫的一片，足足散落堆积了成千上万只高尔夫球。这些球大部分都跟新的没什么差别。球场经理知道后，答应以10美分一只的价钱收购。他这一天捞了2000多只，得到的钱相当于他一周的薪水。干到后来，他每天把球捞出湖面，带回家让雇工洗净、重新喷漆，然后包装，按新球价格的一半出售。后来，其他的潜水员闻风而动，从事这项工作的潜水员多了起来，瑞德干脆从他们手中收购这些旧球，每只8美分。每天都有8万～10万只这样的旧高尔夫球送到他设在奥兰多的公司，现在，他的总收入已达800多万美元。对于掉入湖中的高尔夫球，别人看到的是失败和沮丧，而瑞德说："我主要是从别人的失误中获得机遇的。"瑞德对机会的把握是很准确的，别人打高尔夫球，失误在所难免，而瑞德却把这看成自己的机会，用它来赚钱。当别人都发现这个机会的时候，瑞德却另辟蹊径，从潜水员手里收购高尔夫球，终于成了一代富翁。很多人都可能会发现高尔夫球落水的情况，却没有人把这当做一个机会去把握，因为他们没有一个有准备的头脑。在人生中，我们不能等待，要积极寻找并抓住机会。一时的等待可能会造成一生的遗憾。

时光匆匆而过，我们的追求永远不会停止，我们的生活也永远不会完美。为了使我们的生命更有意义，我们必须知道什么东西应该认真等待，什么东西不能等待，应该及时抓住机会。我们可以等待每天太阳从东方升起来，我们可以等待月亮再次变得很圆，但很多东西不能等待。千万别像陆幼青（上海人，1963 年生，2000 年因癌症病逝）那样，到最后发现自己的生命只有 100 天的时候，再来写《死亡日记》，那样有点儿太晚了。陆幼青还算是伟大的，因为他最后终于完成了《死亡日记》，为人类留下了一份珍贵的遗产，但是他毕竟失去了生命，所以很多东西我们是不能等待的。

生活的意义是掌握主动，去做使自己的人生更加丰富和美好的事情。我们应该主动去寻找我们生命中最有意义的事情，我们要时刻准备着，锻炼一颗有准备的头脑，以免在机会来临的时候与它失之交臂。

博弈制胜

第五章

零和博弈——巧妙衡量自己的利弊得失

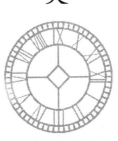

　　在博弈中，一方得利必然来自另一方的损失，这叫零和博弈。这种博弈不利于人们的合作和长期相处。而在博弈中双方都受到损失的博弈叫负和博弈，这种博弈更是极不明智的。最好的博弈结果应该是双赢的局面，称之为"正和博弈"。负和博弈与正和博弈都叫非零和博弈。在博弈中，我们力求避免负和结果与零和结果，而要达到共赢的结果。

有赢有输的零和博弈

零和博弈是利益对抗程度最高的博弈，甚至可以说是你死我活的博弈。

零和游戏，就是零和博弈，是博弈论的一个基本概念，意思是双方博弈，一方得益必然意味着另一方吃亏，一方得益多少，另一方就吃亏多少。之所以称为"零和"，是因为将胜负双方的"得"与"失"相加，总数为零。

零和博弈属于非合作博弈。在零和博弈中，双方是没有合作机会的。各博弈方决策时都以自己的最大利益为目标，结果是既无法实现集体的最大利益，也无法实现个体的最大利益。零和博弈是利益对抗程度最高的博弈，甚至可以说是你死我活的博弈。

在社会生活的各个方面都能发现与"零和游戏"类似的局面，胜利者的光荣后面往往隐藏着失败者的辛酸和苦涩。从个人到国家，从政治到经济，到处都有"零和游戏"的影子。

前不久，一群年轻人在一家火锅城为朋友过生日，其中有一个年轻人拿着自己已吃过了的蛋饺要求更换，由于火锅城有规定，吃过的东西是不能换的，所以遭到拒绝，双方因此发生冲突，打了起来。

最后，火锅城因为人多势众的优势打败了那几个青年人，可以说博弈的结果是火锅城的一方赢了，而实质上，他们真的赢了吗？从长远来看，他们并没有赢。这就是人际博弈中的"零和博弈"，这种赢方的所得与输方的所失相同，两者相加正负相抵，和数刚好为零。也就是说，他们的胜利是建立在失败方的辛酸和苦涩上的，那么，他们也将为此付出代价。还以此为例，虽然火锅城一方的人赢了，但从实际出发，不是从单一的因素出发，而是要从复杂的全面的实际出发，去具体分析每一个事实，不难发现，火锅城的生意也会因此造成影响，传出去就会变成"这家店的服务真是太差劲了，店员竟敢打顾客，以后再也不来这里了"，"听说没有，这家店的人把顾客打得可不轻啊，以后还是少来这里了"，"什么店，竟打人，做得肯定不怎么样"，等等。

其实，邻里之间也存在博弈，而博弈的结果，往往让人难以接受，因为它也是一种一方吃掉另一方的零和博弈。

在一个家属院里住着四五家人，由于平时太忙，邻里之间就如同陌生人一样，各家都关着门过着平静的生活。但不久前，这个家属院热闹了，原因是，有一家的大人为家里的女儿买了一把小提琴，由于小女孩没有学过提琴，但又喜欢每天去拉，而且拉得难听极了，更要命的是小女孩还总挑人们午休的时候拉，弄得整个家属院的人都有意见。于是矛盾便产生了，有性格直率的人直接找上门去提意见，结果闹了个不欢而散，小女孩依然我行我素。大家私下里议论纷纷，有年轻人发狠说，干脆一家买一个铜锣，到午休的时候一齐敲，看谁厉害。结果，几家人一合计，还真那样做了。结果合计的几家人，终于让那个小女孩不再拉提琴了。尔后的几天，小女孩见了邻居，更是如同见了仇敌一样。小女孩一直认为，是这些人使她不能再拉小提琴的。邻里关系更是糟糕极了。

可以说，这个典型的一方吃掉另一方的零和博弈是完全可以避免的。对于这件事，其实双方都有好几种选择。对于小女孩这一家来说：其一，他们可以让女儿去培训班参加培训；其二，在被邻居告知后，完全可以改变女儿拉提琴的时间；其三，也就是在被邻居告知后，不去理会。而其邻居也有如下选择：其一，建议这家的家长，让小女孩学习一些有关音乐方面的知识；其二，建议他们让小女孩不要午间休息拉琴；其三，以其人之道，还治其人之身。

看其结果，双方的选择很令人遗憾，因为他们选择了最糟糕的方案。很多事实证明，在很多时候，参与者在人际博弈的过程中，往往都是在不知不觉作出最不理智的选择，而这些选择都是由于人们的为己之利所得出的结果，要么是零和博弈，要么是负和博弈，总之都是非合作性的对抗博弈。

两败俱伤的"负和博弈"

负和博弈是博弈局中人都得不到好处，彼此受到损害的博弈。可以说，负和博弈是当事人最不明智的选择。

我们由下面一则故事引出负和博弈的概念。

在很久以前，北印度有一个木匠，技艺高超，擅长以木头做成各式人物，所做女郎，容貌艳丽，穿戴时尚，活动自如，并能斟茶递酒，招呼客人，与真人无异，非常神奇。唯一不足之处就是不能说话。

当时，在南印度有一位画师，画技非常了得，所画人物，栩栩如生。有一次，画师来到北印度，木匠久闻此画家大名，意欲宴请他，于是备好酒菜，请画师来家做客，又让自己所做的木女郎斟酒端菜，招呼十分周到。画师见此女郎秀丽娇俏，心生爱恋。木匠看在眼里，故作不知。

在酒酣饭饱之后，天色已经很晚了，于是，木匠便要回自己的卧室，临走时，他故意将女郎留下，并对画师说："留下女郎听你使唤，与你做伴吧！"客人听了非常高兴。等主人走后，画师见女郎伫立灯下，一脸娇着，越发可人，便叫她过来，但是女郎不吭声，没有动静，画师看她害着，便上前用手拉她，这才发觉女郎是木头人，顿自觉惭愧，心念口言说："我真是个傻瓜，被这木匠愚弄了！"画师越想越生气，并想办法报复，于是他在门口的墙上，画了一幅自己的像，穿着完全与自己的一模一样，并画了一条绳在颈上，像是上吊死去的样子，又画了一只苍蝇，叮在画中人的嘴上，画好像后，他便躲在床底下睡觉去了。

等到第二天早上，主人见画师久久没有出来，看见画师门户紧闭，叩门又没有人，于是，透过门窗缝隙向内望去，赫然看到画师上吊了。惊恐万分的木匠，马上撞开门户，用刀去割绳子，但等割的时候，才发现原来只是一幅画而已，这木匠很是恼火，一气之下，打了画师。

可以说这是一个典型的人际负和博弈，本应皆大欢喜的事情，却以两败俱伤的尴尬局面为结局。我们不妨从头分析一下整个事件的原委：由于画师不知女郎是木头所做，见其秀丽，便心生爱恋，而如果此时木匠能告诉他事实，画师就不会去动女郎；即使木匠故意作弄画师，如果画师在知道真相后，不去报复木匠，那么也不会引起木匠的惊慌。不管怎么说，此两人的做法都是不可取的，这样的结果只能使他们因为两败俱伤而不再交往。换句话说，如果他们彼此欣赏，而不是彼此戏弄，那么这场争斗也就不会发生了。结果，你一刀，我一剑，本是非常好的两个大师级人物，采用戏弄的手法互相炫耀本领而伤了彼此的和气。

事实上，由于人类所过的是群体生活，人只要生活在这个社会里，就离不开与他人的交往，而这就形成了一种特定的关系——人际关系。其实，它也是一种利益关系，因为人要追求物质和精神两方面的满足。也因此，在追逐的时候，就会产生相互间的矛盾和冲突，而冲突的结果就是一种博弈关系。"负和博弈"就是其中的一种。

从总体上来看，所谓的负和博弈，就是指双方冲突和斗争的结果，是所得小于所失，就是我们通常所说的其结果的总和为负数，也是一种两败俱伤的博弈，结果双方都有不同程度的损失。

比如在生活中，兄弟姐妹之间相互争东西，就很容易形成这种两败俱伤的负和博弈。一对双胞胎姐妹，妈妈给她们两人买了两个玩具，一个是金发碧眼、穿着民族服装的捷克娃娃，一个是会自动跑的玩具越野车。看到那个捷克娃娃，姐妹两人同时都喜欢上了，而都讨厌那个越野车玩具，她们一致认为，越野车这类玩具是男孩子玩的，所以，她们两个人都想独自占有那个可爱的娃娃，于是矛盾便出现了。姐姐想要这个娃娃，妹妹偏不让，妹妹也想独占，姐姐偏不同意，于是，干脆把玩具扔掉，谁都别想要。

姐妹俩互不让步，最后，谁都没有得到，这样造成的后果是：其中一方的心理不能得到满足，另一方的感情也有疙瘩。可以说，双方都受到损失，双方的愿望都没有实现，剩下的也只能是姐妹关系的不和或冷战，从而对姐妹间的感情造成不良影响。

由此我们不难看出，交际中的"负和博弈"使双方交锋的结果是都没有所得，或者所得到的小于所失去的，其结果还是两败俱伤。交际中的"负和博弈"，只能加大双方的矛盾和抵触，使双方失和。如果交际中发生"负和博弈"，那么，一般情况下人们都会因为两败俱伤而不再交往或反目成仇。

有这样两个人，一个人很有钱，却不善于交际，而另一个人缺少资金，但在人际关系方面很善于疏通，是个交际神通。有一天，这两个人碰到了一起，并聊得相当投机，有一种相见恨晚的感觉。于是，两人决定合伙做生意。有钱的人出资金，善于交际的人疏通关系。经过两人的共同努力，他们的生意很是红火，事业也越做越大。此时，那个善于交际的人起了歹心，想自己独吞生意。于是，他便向那个出资金的人提出，还了合伙时的那些资金，这份生意算他一个人的了。当然，那个出资的人肯定不会愿意，因此，双方开始了长时间的僵持，矛盾也越来越尖锐，最后，这件事也只有让法院来解决。不过，那个交际神通在两人开始做生意的时候，便已经给对方下了套，在登记注册时，他只注册了他一个人的名字，虽然那个出资金的人是原告，但却因为那个善于交际的人早就下好了套，使得出资人最终输了官司，眼睁睁地让那个善于交际的人独吞了生意而无能为力。那个不善于交际的人一怒之下把有交际神通的人的货物全烧了，结果两个人谁也没捞到好处。

这个事例就是典型的"负和博弈"，因此，对于人际关系，我们一定要本着为人利就是为己利的态度，不能见利忘义。

互利互惠的"正和博弈"

正和博弈，与负和博弈不同，顾名思义，是一种双方都得到好处的博弈。

正和博弈通俗地说，就是指双赢的结果，比如我们的贸易谈判基本上都是正和博弈，也就是要达到双赢。双赢的结果是通过合作来达到的，必须是建立在彼此信任基础上的一种合作，是一种非对抗性博弈。双赢的博弈可以体现在各个方面，商场上双赢的合作博弈是用得最充分的一种。

合作并不是不要竞争，正相反，合作正是为了更好地竞争。世界范围内的激烈竞争，使企业逐步从纯粹竞争走向合作竞争，竞争的结果由"零和博弈"演变为"正和博弈"，实现各方"双赢"。在大多数情况下，合作可以带来企业真正意义上的竞争优势。传统竞争强调的是战胜对手，随着经济的融合度增强，现代竞争更强调竞争对手之间的合作。

在当今市场条件下，企业能否取得成功，取决于其拥有资源的多少，或者说整合资源的能力。任何一个企业都不可能具备所有资源，但是可以通过联盟、合作、参与等方式使他人的资源变为自己的资源，增加竞争实力。

金龙鱼是嘉里粮油旗下的著名食用油品牌，最先将小包装食用油引入中国市场。多年来，金龙鱼一直致力于改变国人的食用油健康条件，并进一步研发了更健康、营养的二代调和油和 AE 色拉油。

苏泊尔是中国炊具第一品牌，金龙鱼是中国食用油第一品牌，两者都倡导新的健康烹调观念。如果两者结合在一起，岂不是能将"健康"做得更大？

就这样，两家企业策划了苏泊尔和金龙鱼两个行业领导品牌"好油好锅，引领健康食尚"的联合推广，在全国八百家卖场掀起了一场红色风暴……

我们首先对两大品牌作了详细的分析，发现两大品牌的内涵有着惊人的相似：

"健康与烹饪的乐趣"是双方共同的主张，也是双方合作的基础，如果围绕着这个主题，双方共同推出联合品牌，在同一品牌下各自进行投资，这样双方既可避免行业差异，更好地为消费者所接受，又可以在合作时通过该品牌进行关联。由于双方都是行业领袖，强强联合使得品牌的冲击力更加强大，双方都能从投资该品牌中获益。经过双方磋商，双方决定将联合品牌合作分为两个阶段：第一阶段为通过春节档的促销活动将双方联合的信息告之消费者；第二阶段为品牌升华期，即在第一阶段的基础上共同操作联合品牌。

活动正值春节前后，人们买油买锅的欲望高涨。此次活动，不仅给消费者更多让利，让购物更开心，更重要的是，教给了消费者健康知识，帮助消费者明确选择标准。通过优质的产品和健康的理念，提升了国人的健康生活素质。所以这一活动一经推出，立刻获得了广大消费者的欢迎，不仅苏泊尔锅、金龙鱼油的销售量大幅上涨，而且其健康品牌的形象也深入人心。

在这次合作中，苏泊尔、金龙鱼在成本降低的同时，品牌和市场得到了又一次提升：金龙鱼扩大了自己的市场份额，品牌美誉度得到进一步加强；而苏泊尔，则进一步强化了中国厨具第一品牌的市场地位。这正是正和博弈带来的双赢局面。

从以上的案例可以看出，合作营销，更多的是一种策略的思考，强调双方的优势互补，强强联合。通过大家的共同推动，获得更大的品牌效益。

非零和博弈的运用

现实生活中，为了使事情向着利己的方向发展，一定要注意非零和博弈的运用。

在小溪的旁边有三丛花草，并且每丛花草中都居住着一群蜜蜂。一天，小伙子看着这些花草，总觉得没有多大的用处，于是，便决定把它们除掉。

当小伙子动手除第一丛花草的时候，住在里面的蜜蜂苦苦地哀求小伙子说："善良的主人，看在我们每天为您的农田传播花粉的情分上，求求您放过我们的家吧。"小伙子看看这些无用的花草，摇了摇头说："没有你们，别的蜜蜂也会传播花粉的。"很快，小伙子就毁掉了第一群蜜蜂的小家。

没过几天，小伙子又来砍第二丛花草，这个时候冲出来一大群蜜蜂，对小伙子嗡嗡大叫道："残暴的地主，你要敢毁坏我们的家园，我们绝对不会善罢甘休的！"小伙子的脸上被蜜蜂蜇了好几下，他一怒之下，一把火把整丛花草烧得干干净净。

当小伙子把目标锁定在第三丛花草的时候，蜂窝里的蜂王飞了出来，它对小伙子柔声说道："睿智的投资者啊，请您看看这丛花草给您带来的利益吧！您看看我们的蜂窝，每年我们都能生产出很多的蜂蜜，还有最有营养价值的蜂王浆，这可都能给您带来很多经济效益啊，如果您把这些花草给除了，您将什么也得不到，您想想吧！"小伙子听了蜂王的介绍，心甘情愿地放下了斧头，与蜂王合作，做起了经营蜂蜜的生意。

在这场人与蜂的博弈中，面对小伙子，三群蜜蜂作出了三种选择：恳求、对抗、合作，而也只有第三群蜜蜂达到了最终的目的。

上面的例子告诉我们，如果博弈的结果是"零和"或"负和"，那么，对方得益就意味着自己受损或双方都受损，这样做的结果也只能是两败俱伤。因此，为了生存，人与人之间必须学会与对方共赢，把人际关系变成是一场双方得益的"正和博弈"，与对方共赢，而这样也是使人际关系向着更健康方向发展的唯一做法。

如何才能做到这一点呢？要借助合作的力量。

有这样一个关于人与人之间合作的例子。有一个人跟着一个魔法师来到了一间二层楼的屋子里。在进第一层楼的时候，他发现一张长长的大桌子，并且桌子旁都坐着人，而桌子上摆满了丰盛的佳肴。虽然，他们不停地试着让自己的嘴巴能够吃到食物，但每次都失败了，没有一个人能吃得到，因为大家的手臂都受到魔法师的诅咒，全都变成直的，手肘不能弯曲，而桌上的美食，夹不到口中，所以个个愁苦满面。但是，他听到楼上却充满了愉快的笑声，他好奇地上了楼，想看个究竟。结果让他大吃一惊，同样的也有一群人，手肘也是不能弯曲，但是，大家却吃得兴高采烈，原来他们每个人的手臂虽然不能伸直，但是因为对面人的彼此协助，互相帮助夹菜喂食，结果使每个人都吃得很尽兴。

从上面博弈的结果来看，同样是一群人，却存在着天壤之别。在这场博弈中，他们都有如下的选择：其一，双方之间互相合作、达到各自利益；其二，互不合作，各顾各的，自己努力来获得利益。我们可以看出，在这场博弈中，也只有那些互相合作，相互帮助的人，才能够真正达到双赢，走向正和博弈。事实上，正和博弈正是一种相互合作，即非对抗性博弈。而对于人际交往来说，要想取得良好的效果，就应该采取这种非对抗性的博弈。

可以说，在这个世界上，没有一个人可以不依靠别人而独立生活。这本来就是一个需要互相扶持的社会，先主动伸出友谊的手，你会发现原来四周有这么多的朋友。在生命的道路上，我们更需要和其他人互相扶持，共同成长。

因此，在发生矛盾和冲突时，如果能从对方的利益出发，能从良好的愿望出发，便能使人际交往达到互利互惠的"正和博弈"状态。就是说，在人际交往中，要达到效益最大化，就不能以自己的意志作为和别人交往的准则，而应该在取长补短、相互谅解中达成统一，达到双赢的效果。

例如，夫妻之间的互利互惠，可以使彼此间的感情更亲密。曾有一对夫妻，妻子是个瘸子，丈夫是聋哑人，外人看来他们应该很不幸，但他们却生活得很幸福。譬如他们要去镇上买一些日用品，由于丈夫不会说话，当然不好交际，所以，在去镇上买东西的时候，这个聋哑丈夫一定会骑着三轮车，让妻子坐上，到了要买东西的地方，妻子便坐在三轮车上谈价钱购货物。更可贵的是，他们从来没有因为某件事情而发生过争吵，为什么呢？这倒不是因为他们有多大本领，而是因为他们能互相补充彼此之间的缺陷：妻子走路不方便，丈夫却有强健的身体；丈夫不会说话，妻子却有很好的口才。由于他们能取长补短，所以他们在一起仍生活得十分的美满。这种互利互惠的情况，便是"正和博弈"。

再比如，有这样一对夫妇，他们一生都没激烈地争论过，更不用说吵架了，在生活中他们更是默契、和谐。他们有一个共同的习惯，就是每天都要煮鸡蛋吃。不过，奇怪的是妻子在煮鸡蛋时，每次都是自己先吃了蛋白，而把蛋黄留给丈夫；而其丈夫每次煮鸡蛋时，便吃了蛋黄，把蛋白留给妻子。这似乎成了习惯，直到丈夫去世前，说自己想吃鸡蛋时，妻子便煮好了鸡蛋，首先剥掉了蛋白，将蛋黄给了丈夫，丈夫说，他想吃一次蛋白。妻子说，你不是喜欢吃蛋黄吗？丈夫摇摇头说，其实他并不喜欢吃蛋黄，只是看妻子爱吃蛋白，所以才每次都吃蛋黄的。这时，妻子也告诉了丈夫，其实，她本来爱吃的是蛋黄，只是因为见丈夫每次都愿意吃蛋黄，所以她每次才吃蛋白的。这个故事的确很美丽，读后让人为夫妻间的相敬如宾动容。其实，在交际中，如果遇到与交际对象发生冲突的时候，互相之间若能为对方着想，采取一种双方合作的态度，那么，就一定能避免交际中的对抗性博弈发生。

所以，为了短期胜利，建立共同利益，为了长远成功，建立良好关系，也就是拥有博弈中的双赢思维。拥有平等、互惠的思想，采取合作的态度，才能使人际关系呈现"正和"状态，并向着健康的方向发展，从而收到良好的交际效果。

从零和博弈到合作双赢

面对博弈中的人际关系，一定要理性地分析，不可为了一己之利，或一时的胜利而使良好的人际关系呈现出吃掉一方的"零和博弈"现象。

对于局中人，双赢是再好不过的结果了。但人生不如意十之八九，这就要求我们多加注意，自我控制和约束，朝着"正和博弈"的方向努力。

首先，别见利忘义，做人之本，心存善良。在人际交往的博弈中，之所以会出现"零和博弈"，大多是因为人的见利忘义，想图谋别人的利益，而这样的人往往从一开始就心存恶念，不安好心，整天想着算计别人，也自然会用欺诈的手段来达到自己那让人所不齿的目的。

有这样一个诉讼案件，李先生借了王先生三万元钱，后来，王先生由于家人有病，等着用钱，便向李先生讨要。但由于王先生多次找李先生，都被其用各种理由推脱了，王先生十分的着急，便发了火。李先生见状，干脆一不做，二不休，一把抢过借条，撕得粉碎，从窗口扔了下去，并对王先生说，现在好了，谁也不欠谁的钱了。王先生知道李先生想赖账，便急忙跑到楼下，拾起了那些已经被撕碎的借条，并一片一片对了起来。可是，李先生根本不认账，最后，王先生只好把李先生告到了法院。在法院上，李先生却说，自己已经把钱还给了王先生，所以才撕了借条的，弄得王先生百口难辩，法庭一时也无法判断到底是谁在讹诈谁，因为李先生说得也有道理，如果不给对方钱，王先生怎么会让他将借条撕掉呢？后来，

第五章 零和博弈——巧妙衡量自己的利弊得失

87

法庭觉得李先生的理由虽然有合理之处，但毕竟还有许多疑点，所以又做了大量调查，最后，王先生又提供了一通录音电话作为证据，说明王先生曾在向李先生讨要欠款时发生过争吵，再加上李先生夫妻俩在说什么情况下给钱时口径并不一致，最后判李先生败诉，并归还王先生的钱。

可以说，像李先生这样的人，本来就不是善良之辈，他在人际关系博弈中，想赖账不还，达到把别人的财产归自己"零和博弈"的目的，是令人不齿的。不过，最终他还是让法庭抓住了狐狸尾巴。

其次，就是要心胸开阔，能够互相体谅。这也是在人际交往中，避免发生"零和博弈"的一个重要原则。其实很多事情，就是由于人们心胸不够开阔，遇事不够理性才发生的。比如，邻居之间，如果一方心胸开阔些，另一方体谅一点，就不会发生邻居间感情不和的事情了。

最后，就是诚心对待别人，即所谓忍一时风平浪静。人与人交往，无论在什么时候，都要以诚相待、容忍对方，一些事总会有雨过天晴的一天。

曾有一位官员夫人，她的一个邻居总喜欢计较小事。一日，她发现局长夫人手提的小筐与自家的相似，而自己的小筐又于几日前不见了，就问官员夫人是否错拿了自己的筐，官员夫人虽知其真相并非如此，但也了解邻居的脾气，便什么话也没有说，只是笑眯眯地把筐送给了邻居。

后来，邻居发现了自己的那个筐，便十分抱歉地将筐还给了官员夫人，而官员夫人仍是笑嘻嘻地说了句："不是你的，那我就拿走了。"

这位官员夫人把握关系的分寸是十分合适的，关键不在于那个筐到底是谁的，而在于多用一份心思，多体谅别人，做到恰到好处，人与人之间自然而然地就会相处得很好。和美的人际关系是靠自己点滴用心积累而成的，何不站在对方的立场上，多为他人想一些。事实上，体谅别人并不难做，我们应该放宽眼光，远望才能有更多收获。古语有云："塞翁失马，焉知非福？"为了有和美的人际关系，更不必对小事斤斤计较，多为他人想一点，你便会拥有灿烂而愉快的生活。

总之，面对博弈中的人际关系，一定要理性地分析，不可为了一己之利，或一时的胜利而使良好的人际关系呈现出吃掉一方的"零和博弈"现象。

博弈制胜

第六章

强弱博弈——从弱者转化为强者的策略

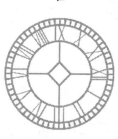

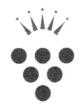

　　在强势下，没有博弈，只有服从。强势一方是规则的制定者，在强者面前，不要正面交锋，要学会顺势而下，韬光养晦，还要善于搭强者的便车，等待机会，以弱胜强。

强者往往是规则的制定者

在狼面前狐狸是弱小的，狼是规则的制定者，它想抓狐狸，可以找任何理由。

　　规则永远是强者的专利，在博弈中哪一方处于强势地位，制定的博弈规则必然对其有利，例如 WTO 条款的制定是对欧美发达国家有利的，因为欧美发达国家是 WTO 规则制定中强势的一方。法律是一个国家的规则，一国的法律也是体现统治阶级意志的。在最古老的法律——古罗马法中，规定了奴隶是奴隶主的私人财产，不允许奴隶背叛，奴隶也是可以买卖的。这就体现了奴隶主阶级的意志。在资本主义国家，其法律是保护资产阶级意志的，资本主义方兴未艾之时，对私有财产的保护便提到了至高的地位。当今的资本主义世界诸多国家的法律更是体现了大财团的意志，因为大财团是国家政权的幕后操纵者。我们中国的法律体现人民的意志，因为我国是人民当家做主。在一个小游戏圈子里，制定规则的也必定是游戏中实力最强的那一个。在股市里，永远都是庄家的天下，因为庄家具备拉高股票的实力。散户只能跟进赚点小钱，一旦跟错或逢上庄家震仓，便可能赔掉。

　　规则虽然具有约束力，但它是建立在实力基础上的，如果没有实力作为依托，什么样的规则都没有意义。联合国宪章规定的精神和法则，美国经常不遵守，而且绕过联合国去打伊拉克，联合国只能对此表示遗憾。美国是当代世界唯一的超级大国，几乎没有一个国家可以与之抗衡。实力才是生存的硬道理。邓小平提出发展才是硬道理，提出我国把增强国家实力放在首位。我们国家的实力提高，全世界已经有目共睹，所以我们国家的

国际地位也大大提高，几乎所有的国际活动都少不了我们这个世界上最重要的国家之———中国。

在生意圈内，谁拥有雄厚的资金，谁就有对市场的话语权。拥有雄厚资金者可以大规模地收购产品引致产品涨价，从而获取巨额利润。第一代互联网热潮中倒下的企业多是因为资金实力不济，前期资金烧完，后续资金跟不上。SOHU、SINA 崛起是因为有强大的资金背景，TOM 网之所以会成功就是因为它不断宣传其背后的投资人是李嘉诚以彰显其强大的资金实力。

实力决定地位，决定利益，如果你想让游戏规则按自己的意志制定，那就要不断增强自己的实力。

避免与强者以卵击石

以卵击石的成语相信大家都听说过。与强者正面交锋就像鸡蛋碰石头，结果只有惨败。

康熙亲政后，决定收回大权，并准备取消辅政大臣的辅政权力。这一措施使鳌拜受到了极大的限制，鳌拜与康熙帝早已存在的矛盾更趋于激化。

但鳌拜在朝廷中势力很大，康熙不敢妄动，一旦逼反鳌拜，很可能自己皇权不保，所以康熙深知不能与鳌拜正面交锋，必须智取。平时的朝中大事皆由鳌拜说了算，他经常当着康熙的面呵斥大臣，而且稍不顺意，就在康熙面前大吵大闹。康熙知道，任其下去，早晚要闹出乱子来。当时鳌拜提出要处死苏克萨哈，康熙清楚苏克萨哈是无辜受害，于是坚不允请。鳌拜竟然扯臂上前，强奏数日，直到逼得康熙不得不让步为止。

数年来，鳌拜依仗自己的权势培植亲信，打击异己，终于将朝廷大权操于他一人之手。他网罗亲信，广植党羽，在朝中纠集了一股欺藐皇帝、操纵六部的势力。辅国公班布尔善处处阿附鳌拜，在朝中利用权力擅改票签，决定拟罪、免罪。他追随鳌拜，结党营私，康熙六年他密切配合鳌拜戮杀了苏克萨哈，并罗织了苏克萨哈的二十四大罪状。由于他帮助鳌拜剪除异己有功，被擢为领侍卫内大臣，拜秘书院大学士。

鳌拜一门更是显赫于世，他的弟弟穆里玛为满洲都统，康熙二年被授靖西将军，因镇压李来亨农民军有功，擢阿思哈尼哈番，威风一时。巴哈也是鳌拜的弟弟，顺治帝时任议政大臣，领侍卫内大臣，其子纳尔都娶顺治的女儿为妻，被封和硕额附。鳌拜的儿子纳穆福官居领侍卫内大臣，班列大学士之上。其后受袭二等公爵，加太子少师。鳌拜的侄子、姑母、亲家都依仗他的职位得到高官厚禄，甚至跻身于议政王大臣会议。

鳌拜将自己的心腹纷纷安插在内三院和朝廷各部，一时间"文武各部，尽出其门下"，朝廷中形成了以鳌拜为中心的庞大势力。康熙对此深感不安，所以他冥思苦想剪除鳌拜的办法，终于想出了一条计谋。

康熙八年五月十六日，鳌拜因事入奏，康熙借此良机，利用自己训练的一批少年卫士，将他捉住，送入大狱。接着命康亲王杰书等进行审问，列出主要罪行三十款，朝廷大臣决议应将鳌拜革职、立斩；其亲子兄弟亦应斩；妻并孙为奴，家产籍没；其族人有官职及在护军者，均应革退，各鞭一百。康熙考虑到鳌拜是顾命辅臣，且有战功又效力多年，不忍加诛，最后定为革职籍没；与其子纳穆福俱予终身禁锢。后来鳌拜死在狱中，纳穆福获得释放。鳌拜死党穆里玛、塞本特、纳莫、班布尔善、阿思哈、噶褚哈、泰必图、济世等主要罪犯，一律处死刑。曾经猖獗一时的鳌拜集团就这样被彻底铲除了。

所以，面对强者，要避开其锋芒行事，这既可以保全自己，又可以给除掉对手创造机会，在与强者博弈中一定要注意"识时务者为俊杰"的策略，绝对不能干螳臂当车的蠢事。如果没有实力除掉对手，就还要继续隐藏下去，修炼内功，等待时机。

学一点韬光养晦策略

韬光养晦有时是为了麻痹对手，使他骄傲轻敌，以为自己软弱无能，然后趁其不备而攻杀之。

有时是为转移对手的注意力，达到声东击西的目的。面对比自己强大的势力，只能暂时采取韬光养晦策略，而一旦暴露出自己的心迹，很可能给自己带来灾难，因为强者要想消灭弱者是轻而易举的。

所以，为了有效地打击对手，首先要有效地隐蔽自己、保护自己，也就是要做出假象来迷惑敌人，让他朝着自己希望的方向前进。己方强时，不急于攻取，须以恭维的言辞和丰厚之礼示弱，使对手骄傲，待其暴露缺点，有机可乘时再击破之。

《阴符经》说："性有巧拙，可以伏藏。"它告诉我们，善于伏藏是事业成功和克敌制胜的关键。一个不懂得伏藏的人，即使能力再强，智商再高也难战胜敌人。这里的伏藏说的就是韬光养晦策略。

明朝的严嵩是一个有争议的人物，其功过是非我们暂且不论，就其个人成长及生存之道而论，其韬光养晦的功夫却不能不让人佩服。

嘉靖中期，夏言为朝廷的重臣，而且写得一手好文章，深为皇帝所器重。

当时严嵩在翰林院任低级职务，他打听到当时担任礼部尚书的夏言是江西同乡。严嵩想利用与夏言同是江西老乡这层关系，设法去接近夏言，但两人并不相识。严嵩几次前往夏府求见，都被轰了出来。

严嵩却不死心，准备了酒宴，亲自到夏言府上去邀请夏言。夏言根本没有把这个同乡放在眼里，随便找了个借口不见他。严嵩在堂前铺上垫子，跪下来一遍一遍地高声朗读自己带来的请柬。

夏言在屋里终于被感动了，以为严嵩真是对自己恭敬到这种境地，开门将严嵩扶起，慨然赴宴。宴席上，严嵩特别珍惜这次来之不易的机会，使出浑身解数取悦夏言，给夏言留下了极好的印象。

从此夏言很器重严嵩，一再提拔他，使他官至礼部左侍郎，获得了可以直接为皇帝办事的机会。几年后，已任内阁首辅的夏言又推荐严嵩接任了礼部尚书，位达六卿之列。夏言甚至还向皇帝推荐他接替自己的首辅位置。

严嵩是极有心计的人，不露一点锋芒，耐心地等待时机，对夏言仍是俯首帖耳，只是在不断寻找、制造机会，以图将夏言一下子打倒。时机未成熟他是不会露出狐狸尾巴的。

嘉靖皇帝迷信道教。有一次他下令制作了五顶香叶冠，分赐给几位宠臣。夏言一向反对嘉靖帝的迷信活动，不肯接受。而严嵩却趁皇帝召见时把香叶冠戴上，外边还郑重地罩上轻纱。皇帝对严嵩的忠心大加赞赏，对夏言很不满。而且夏言撰写的青词也让皇帝不满意，而严嵩却恰恰写得一手好青词。严嵩也利用这个机会，在写青词方面大加研究，同时还迎合皇上心意，给他引荐了好几个得道的"高人"，皇帝越来越满意严嵩而疏远夏言。

又有一次，夏言随皇帝出巡，没有按时值班，惹得皇帝大怒。皇帝曾命令到西苑值班的大臣都必须乘马车，而夏言却乘坐腰舆（一种小车）。几件事情都引得皇帝不高兴，因此皇帝对夏言越来越不满。

严嵩利用皇帝对夏言的不信任，趁机进言，将平生所搜集的夏言的种种罪状一一罗列，并且添油加醋、无中生有地哭诉了一番，皇帝终于恼怒，马上下令罢免了夏言的一切官职，由严嵩取代。严嵩把自己的心志潜藏日久，就是为了等待时机。夏言比严嵩官位更高，资格更老，而且严嵩的仕途也是夏言一手扶植。对严嵩而言，夏言是强大的。严嵩如果在羽翼未丰之时，想扳倒夏言，势必会偷鸡不成蚀把米，祸及自身。严嵩静待时机，韬光养晦，待实力逐渐强大，而夏言的地位却日益衰落的时候，找准时机，一击即中。此所谓以弱小扳倒强者的经典故事。

弱势变强势的谋划之道

在博弈中，处于弱势的一方除了以静制动韬光养晦外，还要积极谋划主动出击、先发制人，以免时机错过。

秦始皇称帝后第五次巡视全国各地，随行的有丞相李斯和中车府令赵高。据说秦始皇有二十多个儿子，但只有十八子胡亥被允许同行，因为他特别受到秦始皇的宠爱。据《史记》记载，这次巡视东至会稽，渡江至琅琊，再取道西返。7月，车驾至平原津，秦始皇病重。由于他忌讳说死，群臣谁也不敢谈论死的事。至沙丘平台，病情严重。他自知不能治愈，于是命令赵高拟定诏书给长子扶苏，要扶苏把军务托付给蒙恬，速回咸阳办理丧事。诏书写毕，还来不及封口交给使者，秦始皇就去世了。

赵高拿了秦始皇的玉玺和遗诏，心中感到十分沉重。当时知道遗诏内容的只有李斯、胡亥和他三个人，其他的大臣一概不知。因为秦始皇死在出行的路上，立太子的事未定，丞相李斯恐天下发生动乱，就命令秘不发丧。每到一地，按例进膳，朝廷百官照样还要报告政务，亲信宦官就在车中假托皇帝命令批复百官的奏本。

赵高曾经是胡亥的老师，教给胡亥"书及狱律令法事"，两人关系密切。赵高原是赵国国君的远亲，自幼受宫刑，长大后进宫当宦官。他曾经犯大罪，秦始皇命蒙毅去审理，秉公执法的蒙毅判赵高死罪。秦始皇因赵高办事比较干练，又精通刑狱法令，所以就赦免了他。这时的赵高担心如果按秦始皇所云让公子扶苏即位，与扶苏关系密切的蒙恬、蒙毅兄弟就会受到宠信，并对他不利。这个时候，赵高就处于一个是生还是死的困境选择之中。为此，赵高策划了一场夺嗣的争斗，决定把胡亥推上皇位。

赵高扣下皇帝的信件，游说胡亥道："皇上驾崩，没有遗诏封诸皇子为王而只赐信给长子扶苏。扶苏一到咸阳，就将继帝位。公子你却无尺寸之地可以立足，你想过该怎么办吗？"胡亥说："贤明的君主了解大臣，贤明的父亲了解儿子。我还有什么好说的？"赵高面露一丝奸笑说："现在皇位的归属取决于您、我和李斯三人，希望公子要抓住机会。'臣人与见臣于人，制人与见制于人'，怎可同日而语呢？"胡亥对赵高的奸计心存恐惧，但皇位对他的诱惑实在太大，也就不管那么多了，最后只是有点担心："现今父皇的遗体还在路上没有发丧，此事怎么对丞相说呢？"

赵高知道，没有丞相李斯的支持，他的阴谋是无法得逞的，遂去劝说李斯。李斯起初还以忠于君事自命，但赵高晓之以利说："无论才能、功劳、谋略、声望以及和扶苏的私人情谊，你李斯哪一点比蒙恬强？公子扶苏即位，必定宠任蒙氏，以蒙恬为丞相。这样，你的荣华富贵不仅没有了，而且你的子孙也将会受到伤害。只有公子胡亥，仁慈可爱，轻钱财，重人才，在始皇的所有公子中没有谁比得上他。我认为继承皇位的应该是他，所以我特地来和你商议，把谁继皇位定下来。"出于对权势的欲求，李斯终于被赵高说服，同意照赵高的意思去办。

三人狼狈为奸，对外宣称李斯接到始皇的诏书，立胡亥为太子。赵高在处于弱势的情况下，先发制人，取得夺权斗争的胜利。

当一个人处于困境之下，他相对而言又是弱者的时候，他便会想尽一切办法，运用各种阴谋诡计，抢得自己的优势地位，因为弱者非常明白强势一方是规则的制定者，谁取得了强势的地位谁就有制定规则的权力，谁处于弱势地位谁就只能服从规则。最终胡亥成了秦二世，赵高也成了显赫一时的权臣。而原先处于强势地位的扶苏由于没有及时行动，最终被流放。

强弱博弈的借力用力

在强弱的对局中，要善于观察形势，抓住解决问题的关键环节。关键环节找到了，从容发力，可以收事半功倍之效，轻易地付出极少的成本而获得极大的收益。

弱者与强者博弈，博弈规则由强者制定，博弈力量也是强者最大，弱者可以搭强者便车，也可以暂时隐其锋芒，这是弱者对局强者的生存之道。但弱者忍辱负重，在强者的阴影下生存只有一个目的，就是自己变为强者，取代强者的位置。弱者与强者是矛盾的两个方面，而强者决定着矛盾的主流走向，因为这对矛盾中，强者是性质和内容的规定者。但矛盾还有一个特性就是在一定条件下矛盾双方会发生转变，所以弱者在与强者对局中要学会如何以弱胜强，以弱胜强一般是借力用力的四两拨千斤之术和反间之道。

在双方的对局中，要善于观察形势，抓住解决问题的关键环节。关键环节找到了，从容发力，可以收事半功倍之效，轻易地付出极少的成本而获得极大的收益。

西汉初期，匈奴仍不断侵扰北方边境。刚刚做了皇帝不久的刘邦决定一劳永逸地解决匈奴问题。公元前 200 年，匈奴单于冒顿率师南下，刘邦亲率三十万大军迎战，不想在平城白登山（今山西大同东北）中了匈奴兵的埋伏，被 30 万匈奴骑兵包围。当时，匈奴兵的阵势十分壮观，战阵的东面是一色的青马，西面是一色的白马，北面是一色的黑马，南面是一色的红马，气势逼人。刘邦在白登山被围了七天，救兵被阻，突围不成，又值严冬，粮断炊绝，许多士兵的手指都冻掉了，刘邦焦急万分。双方力量相差悬殊，硬拼是不可能成功的，而对手又是死敌，没有商谈的余地，真是一个板上钉钉的死局。

正在这危难之际，刘邦手下的大臣陈平想到一个妙计，他派使者求见冒顿单于的妻子阏氏，给她送去一份厚礼，其中有一张洁白的狐狸皮，并对阏氏说，如果单于继续围困，汉朝将送最美的美女给单于，那时你将失宠。同时，陈平又令人制造了一些形似美女的木偶，装上机关使其跳舞。阏氏远远望去，见许多美女舞姿婆娑、楚楚动人，担心汉朝真的送美女来，于是，她说服单于放开了一个缺口，刘邦趁机冲出重围。这就是历史上的"白登之围"。

在白登山，刘邦已身陷困境，如果匈奴一举进攻，也许汉朝的历史将被改写。此时双方实力之悬殊可见一斑，但在这样的情况下，陈平却巧妙地想到了利用女人的嫉妒来突围的妙策。刘邦突围后，便又成为与匈奴对决的强势一方。

历史上还有一个著名的借力用力之计，那就是皇太极借崇祯皇帝之手除掉袁崇焕，扫除了灭明的一大障碍。

皇太极进攻北京并散布谣言说袁崇焕投靠后金。崇祯帝是个猜疑心极重的人，听了这些谣言，也有些怀疑起来。袁崇焕向皇上请求说，将士们长途跋涉，十分劳累，请准允入城休整，但被崇祯帝拒绝了。

正在这个时候，有一个被金兵俘虏去的太监从金营逃了回来，向崇祯帝密告，说袁崇焕和皇太极已经订下密约，要出卖北京。这个消息简直像晴天霹雳，把崇祯帝惊呆了。

原来，明朝有两个太监被后金军俘虏以后，被关在金营里。有一天晚上，一个姓杨的太监半夜醒来，听见两个看守他们的金兵在外面轻声地谈话。

一个金兵说："今天咱们临阵退兵，完全是皇上（指皇太极）的意思，你可知道？"

另一个说："你是怎么知道的？"

一个又说："刚才我就看到皇上一个人骑着马朝着明营走，明营里也

有两个人骑马过来，跟皇上谈了好半天话才回去。听说那两人就是袁将军派来的，他已经跟皇上有密约，眼看大事就要成功啦……"

杨姓太监听了这番话，找准机会偷跑出去，回去赶紧告诉崇祯帝。而这个情报却是假的，是皇太极预先设下的计谋。

崇祯帝命令袁崇焕马上进宫。袁崇焕接到命令，也不知道发生了什么事，匆忙进了宫。崇祯帝拉长了脸，责问说："袁崇焕，你为什么要擅自杀死大将毛文龙？为什么金兵到了北京，你的援兵还迟迟不来？"

袁崇焕不禁怔了一下，这些话都是从哪儿说起？他正想答辩，崇祯帝已经喝令锦衣卫把袁崇焕捆绑起来，押进大牢。

有个大臣知道袁崇焕平日忠心为国，觉得事情蹊跷，劝崇祯帝说："请陛下慎重考虑啊！"

崇祯帝说："什么慎重不慎重？慎重只会误事。"

崇祯帝不听大臣的劝告，一些魏忠贤余党又趁机诬陷。到了第二年，崇祯帝终于下令把袁崇焕杀害。

反间计是名副其实的毒计，其毒不仅仅是手段，更重要的是其对人性弱点的残酷利用和无情玩弄。对于人类来说，这既是一种让人津津乐道的谋略，又是一个讽刺。但是在强弱对局之际，弱者若想战胜强者，这也是迫不得已的选择。

优未必胜，劣未必汰

弱者并不是等死的，不管自己多弱，都会想方设法做最有利于自己的行为。

在进化论上有一个著名的理论就是优胜劣汰的原理，根据达尔文的研究指生物在生存竞争中适应力强的保存下来，适应力差的被淘汰。

本来这是很正确的，在生物的进化上这被证明了无数遍了，但是不要简单地理解为表面上的优劣就决定了一切，人是智慧的人。很多事情上我们都可以看到，本来被看好的最后并没有得到想要的结果。

博弈其实就是互动的策略性问题，在每一次的利益对抗中，每个人都是在寻求制胜之策，不管对方是怎样的策略，自己均采用对自己最佳的方法。弱者并不是等死的，不管自己多弱，都会想方设法做最有利于自己的行为。

有一人很高兴地对他的朋友说，他刚才一下子战胜了三个世界冠军。他的朋友非常了解他，感觉根本就不可能。

他反而不屑地说："我和象棋冠军比游泳，被我落下一大截。我和游泳冠军比骑马，刚跑完一圈，他就从马背上掉了下来。然后我和赛马冠军比下棋，他输得很惨。"

朋友听了，目瞪口呆……

当然这是一个笑话，事情的真假我们没有必要考究，其事情的本身透露出一种智慧竞争的法则。故事里的那个人之所以能战胜三个冠军，是因为他充分地了解自己的长处，在激烈的竞争中善于发挥自己的优点，并做到了扬长避短，才使自己立于不败之地。在人组成的世界里，没有绝对的强与弱。在某一个方面具有绝对优势的人，在其他方面也许不堪一击。所以，优未必胜，劣未必汰，真正懂得扬长，才能避短。

弱者不一定完全弱，要找到自己生存的法则，上面的章节中我们说到过田忌赛马的故事，田忌本来是弱者，但是他却赢了，活得很好，为什么？就是知道运用自己的智慧。不与强者争一时的长短，而是依据自己的实际，错开优势，以长击短，因此取胜。这就是我们所说的扬长避短，剑走偏锋。在生活中，我们常常会遇到这样的情况，明知道你在这方面比不过人家，可是还是要硬着头皮去做，为什么不换一种思路呢？千军万马同挤独木桥，难道我们就不可以选择阳光大道吗？

而另外一些时候，表面上的优势并不能给你带来竞争力。

先后盯上美女主持小迪的独身男性得以两位数计。小姑娘不但年轻漂亮声音甜美，还天生乖脾气、好性格，说话脸先笑，逢人喊老师，老老少少没有不喜欢她的。刚来电台不久，就把原本没什么特别之处的下班时分的轻音乐节目弄得活色生香，个性十足。于是常常发生退让车费的小喜剧情节———般名人大致都有过类似的经历，当然这也可视为跻身名人行列的标志之一。

小迪姑娘不是慕虚荣、好浮华之人，要找个富家之后、豪门子弟的俗念倒不至于有，但小迪的追求者中，在圈内叫得响、提得起、大小能算上人物的也有好几个，找个名貌相当、求个珠联璧合应该算情理之中。就在我们翘首等待又一段具有新时代娱乐精神的佳话之时，小迪宣布自己的心上人竟然是台里维护设备的技术人员豆豆。最终没吃着葡萄的狐狸们对那个叫豆豆的幸运儿的概括是：切，不就是一个电工吗？小迪挺身而出维护：如果你们都把电脑工程师简称为电工的话，我没意见，但如果是轻视他，别怪我说话难听。

倒不是说豆豆这样木讷迟钝的老实人就不能娶到小迪这样要名有名要样有样的绝代佳人，但一朵鲜花插在了一堆牛粪上的感叹也就传了出来。同为美女主持的师姐蕾蕾反唇相讥：人家是牛粪你们是什么？按你们的意思一朵鲜花不该只插在一堆牛粪上而应该至少插在几堆牛粪上？

众人问她在这么多的追求者中为什么偏偏看上了半天也不吭气的豆豆。小迪很实在地说：那些人一面追我，一面又跟人家好，谁知道他们对我有几分真心，只有豆豆没有和别的女人交往，总是对我好，可见对我是真心的。

大家无言以对……

现在有很多人不满这样的鲜花牛粪的关系，像上面的豆豆和小迪，谁都不看好，可是人家就是能成为幸福的一对儿，而那些自命不凡的所谓优秀人才们却输得彻彻底底。

自认各方面条件都优于这些"牛粪"的同类造出了"鲜花插在牛粪上"的"佳句"后，却始终弄不明白，为什么自己"相貌堂堂"，"才气和"财气"均不逊于"牛粪",最后却败在了根本不是一个档次的"牛粪"手上,"鲜花"和"牛粪"到底是吃错了药,还是眼睛被蒙住了?

其实分析一下就知道,很简单,处于劣势的人在展开攻势的时候没有什么好顾忌的,即是所谓的置之死地而后生,因此表现在行动上,他就会一往直前,如果追得到,则其收益就会是无穷大。

而同时那些优秀的男士们,在追自己心仪的女孩时自己也有着追求者,在经过艰苦的追求后,迟迟不见回应,此时"俊男"会考虑:究竟鲜花是怎样想的?会不会答应他?如果追不到,那也会失去靓妹……在这种情况下,"俊男"的选择当然是选择次优的结果——选择追他的靓妹,这样他的收益还大于零,这时"俊男"选择伴侣的标准是:如果不能找到他所爱的人做老婆,那么就找一个爱他的人。

所以,总体表现出来的结果就是"牛粪"们很是专一,比任何的"帅哥"都要爱她,让她有安全的感觉,当然,作为一个女人当然会选择这样的人。

这是一种处于劣势的人的方法,当然有的时候当你斗不过别人的时候,采用一种旁观者的角度来处世也是不错的,当你与世无争的时候说不定正成全了你的成功。

三个学子甲君、乙君、丙君,他们经常在一起争论,因为甲君和乙君信奉竞争哲学,认为优胜劣汰的法则是真理,这个世界只有强者才可以生存。而身体虚弱,并且还有些智力残疾的丙君则不这样认为,他认为人类应该合作,而不应该相互竞争。甲君和乙君经常因此笑话丙君的观念,时不时地还为难他,但丙君却坚持自己的看法。

有一天这三个学子外出探险,在茫茫沙漠中迷了路。沙漠一望无际,而头上却烈日炎炎,淡水越来越少了。怎么办?为了活命,信奉竞争哲学的甲君和乙君终于打了起来。

在这场为了争夺淡水的争斗中,甲君当场被杀死了,乙君因为争斗而身负重伤,不久以后也死了。最后只剩下了身体虚弱,并且似乎还有些智力残疾的丙君。丙君喝着剩余的一点点淡水,终于走出了沙漠。

学会置身事外是一种智慧，当你学会了这样的哲学之后，你看待事物的角度自然就不一样了，已上升到了一个更高的层次。置身事外是博弈的一种高手段，他的目标是在混乱的时候保护自己，其实大家应该也有这样的感受，当一场冲突很严重的时候不是要去打倒对方而是保护好自己才是最重要的，并且在这个时候找到有利于自己的位置。

所以，优势与劣势不是绝对的，只要运用好自己的智慧，劣势不一定会被淘汰，也可以胜利，就像我们当年抗战一样。

木秀于林，风必摧之

在枪手的对决中，想要始终保持胜利，不仅仅是能力决定的，还需要我们的智慧。当别人正打得火热的时候，正好可以提高自己的实力。

中国古代有句俗语："木秀于林，风必摧之；堆高于岸，流必湍之；行高于人，众必非之。"就是说一个人如果太高于别人了，总是难免会成为大家议论或者是对付的对象，而这个时候比他低矮的一些事物就可以暂时得到保全。这也是一种保护自己的方法，当枪手对决的时候，我们要做的不是击倒谁，而先保护自己才是最重要的，然后找到自己有利的地位。

弱者在对弈中一般都是不被大家重视的，很多人都觉得弱者不是一种威胁，因此在博弈的初始，弱者是处于安全位置的，但是这个安全并不是绝对的。弱者很好地利用了对手的这种心理，用这种思想来争取自己的空间和时间。

在枪手的对决中，想要始终保持胜利，不仅仅是能力决定的，还需要我们的智慧。当别人正打得火热的时候，正好可以提高自己的实力。

有这样一个例子，假设有 A、B、C 三个射击手，C 的命中率是 30%，

B 的命中率是 80%，A 是神枪手，命中率是 100%。假设三个人轮流互相射击，每个人最多放两枪，可对其他两人中的一个射击，也可对空射击，再假设只要被命中，就一枪毙命。考虑到 C 的水平最差劲，由 C 第一个射击，然后是 B，最后是 A。问：C 应该采取什么样的策略，才能使自己的存活率最高？

这个问题的答案是 C 应该对空射击，才能保证自己最高的存活率（41.2%）。再多作一些计算，可得出 B 的存活率是 56%，A 的水平最高，存活率却是最低的，只有 14%。这个结果很有意思。A 的能力是最强的，却在这场博弈中最难存活下来，在现实生活中正是这样，生存不但取决于你的能力，更取决于你对别人的威胁程度。一般而言，能力越是超强的人，对别人的威胁也是越大的，木秀于林，风必摧之，个人能力并不与生存能力形成绝对的正向同比关系。要提高现实社会中的生存能力，对 A 而言，最好的策略就是装莽，也就是"大智若愚"，通俗一点说就是"扮猪吃象"，这样实在是无奈之举。

C 的策略也很有意思，与 A 和 B 相比较，他的能力差距很大。面对两个比自己强大得多的敌人，他的最佳策略是对空射击，不招惹强敌，让 A 和 B 相斗，他坐山观虎斗，偏安一隅，坐收渔利。当然，在现实生活中，他是绝对不能让 A 和 B 中间的任何一个真正倒下的，任何一个倒下，下一个倒霉的就是他了。可以肯定的是，宋朝的皇帝老儿和他的臣僚们对国家决策没有进行博弈分析，宋朝军事力量薄弱，和辽、金、蒙古相比较，差距都很大，就犹如这个博弈范例中弱者 C 的角色，它的最佳策略就应该是挑起强敌的互相争斗并保证任何一方不能倒下，先有宋徽宗的"联金抗辽"，辽国被灭了，宋朝的江山也被金国吃掉了一半。到南宋，又把脚踏进了同一条河里，搞了一个"联蒙击金"，金国被灭了，宋朝剩下的一半江山也没了，陆秀夫只好背着小皇帝跳海了。

如果把次强者 B 的命中率改动一下，改成 40%，只是比弱者 C 稍稍强一点，能力相近，两者和 A 的差距都很大，重新计算 C 的最佳策略，结果是 C 的最佳策略是向 A 射击。放在现实中的例子就是魏、蜀、吴三国相争，曹操占据中原，拥百万之众，挟天子以令诸侯，天下无人可以争锋，就犹如范例中的 A。东吴盘踞江东，历经三世，手下也是人才济济，国家太平，但实力和曹魏相比，还是差距很大，就犹如范例中的修改参数后的 B。刘备最弱，就犹如 C，所以刘备的最佳策略就是联合东吴，抗衡最强者曹操。这也是诸葛亮"隆中对"的思想。估计诸葛亮前辈没有学过什么数学知识，但脑袋里的博弈意识绝对是超强的。

人没有头脑是不行的，在这个所谓弱肉强食的时代，我们要活着就要应用智慧，而我们每个人的力量又是有限的，每个人都不可能在每件事情上占绝对的优势。如果在这件事情上作为一个弱者，我们不必要去一味地争强好斗，有时候采取一下示弱也是不错的方法。

有对年轻夫妇结婚刚三年，经常为一些鸡毛蒜皮的事吵个不停，感情就像阳光下的雪，变得越来越薄。有一天，那位妻子向朋友诉苦说，这种日子无法忍受，还不如离掉算了。每次吵架的时候自己都觉得对方不对，想要争个合理的说法，但是每次她的丈夫总是有很多的说道，说得她不能辩驳，但是心里却不甘心。

朋友建议说："别争吵，不要一味地逞强，要学会示弱。"

"示弱？"她反问，"现实生活中女人本来就扮演弱者的角色，继续示弱，岂不更让男人得寸进尺？"

当然不是。这里的示弱是有技巧分寸的，能达到逞强不能达到的效果。举例说：没有触及原则问题的争吵，你不必针尖对麦芒，即使你理由充分，更不必得理不饶人。不如悄无声息地低下头来，做一种无辜无奈状，必要时，楚楚可怜地看他一眼……"英雄惜美"是男人的天性，而且退让更容易博得理解，远比控诉要更有力量，矛盾也就迎刃而解。

以后再遇到细小的家庭矛盾，这位妻子如法炮制，果然收效明显，少了吵闹，多了份设身处地的理解和温情脉脉的恩爱。

人与人之间的相处其实也是很有学问的，我们可以看得出来这对夫妻之间的争吵总是以丈夫的能说会道结束，大家都想争得胜利，但是事实上没有那么多的胜利呀，太尖锐了也会导致对方的尖锐。

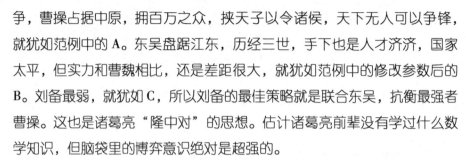

针尖对麦芒的战争就是这样产生的，当一方太强势了，另一方肯定会不甘心，必然会有抵抗心理的，这样长期下去就不是什么好事了。示弱也是一种策略，不能压倒对方，那也可以让对方软下来。

遇到事情的时候，最重要的还是要看清楚自己的立场，自己和对手之间的差距，究竟自己是强者还是弱者。世界上什么层次的人都有，任何阶层的人都有自己的生存之道。太招摇的人总是不会存在多久，不管是别人真正想要超过他或者是嫉妒他。所以，有时候弱者要学会低下头，要学会坐山观虎斗，不要随随便便和别人硬拼。

劣势很可能是优势

看待任何事情都要有两面性，要用辩证的思维去考虑，当你觉得一件事情不好的时候也许它就将变得很好。

老子说过"祸兮福之所倚，福兮祸之所伏"，好坏是相对的，不要一味地埋怨自己的弱势之处，动动脑子就可以让它转变。

有些人面对自己的短处或劣势，拘泥其中，怨天尤人，却不想方设法借势而行，那成功也就遥遥无期。就像现在很多人对胖人很歧视，而有些肥胖者也自怨自艾，不敢面对大家的目光。重庆有一个名叫林辉的男孩，身高 168 厘米，体重达 258 斤，这身材够胖的，但是，他却恰恰利用这一点反串杨贵妃，获得了成功。

人生没有绝对的优势，也没有绝对的劣势，只要你用心去做，劣势同样可以转变为优势。如果你只是把自己的劣势看成是劣势，那么你的劣势就真的只是劣势了，想要有所转变的话，那你首先就要有转变的心理。

我曾看过这么一个经典的故事：有一个小男孩在一次车祸中失去了左

臂，但是他很想学柔道，于是他拜了一位日本柔道大师做了师傅。尽管他学得不错，但是他师傅却由始至终只教他一招，而且对他说："你只需要会这一招就够了。"

尽管男孩心中迷惑，但他依然听从长者的话，下决心将这一招练到极致。一年之后，男孩对此绝招练得烂熟于心，运用得炉火纯青。恰在此时，长者要带他去参加一场柔道赛事，男孩也很想检验一下自己的武艺，便欣然同意了。

令人没想到的是，在这场比赛中，男孩很轻松地便战胜了数位对手。当最后一位挑战者走上台时，男孩不禁有点担心，因为眼前的这位挑战者身材高大，体格健壮，看起来不容易对付。男孩不由得提高了警惕，幸好，他闯到了最后一关。挑战者在这种情形下，变得焦躁起来，犯了习练柔道之人的大忌。男孩从挑战者的眼神中看出了破绽，于是，他使出长者教给他的那一式绝招制伏了对手，取得了最后的胜利。

事后，男孩觉得很不可思议，为什么单凭这一招就能赢得比赛呢？长者这才告诉他，其原因有两点："第一，你熟练地掌握了基本功。第二，你将这一式绝招练习得纯熟，而战胜你这一招的唯一方法就是抓住你的左臂，但你失去了左臂，对手自然不可能将你制伏。"直到此时，男孩才终于明白为什么长者仅教给他一招，就是将他的劣势变成了优势，从而让他战胜了对手。

这就是一个把自己劣势转变为优势的例子，在你的生活中，没有绝对的优势，就看你能不能把握好自己的客观条件和机遇，把自身的特点都发挥出来。这个男孩有一个好师傅，是个伯乐，懂得借用男孩的弱势，让男孩的缺点变成了别人难以攻击的优势。

在生活中，并不是每个人都有这么一个师傅存在的，更多的是需要我们自己去发掘自身的特点。鱼依靠鳔才能在大海中自由沉浮。但没有鳔的鲨鱼，为了不使自己下沉就得不停游动。长此以往，它们身体的肌肉越来越强壮，体格也越来越大，终成"海洋霸王"。这就是"鲨鱼效应"。

每个人都有劣势，有优势。总是有许多人为自己的劣势、缺陷而苦恼不已。然而，与其为自己的缺陷费心费神，倒不如想想，怎样弥补自己的缺陷，利用自己的缺陷，让它在别的方面成为优势。

虽然每个人都有缺点，但是，如果找到了这些缺陷的突破口，那就不怕了。找到突破口，让自己的缺陷在别的地方发挥优点，就可以把劣势变优势了。

常宁一小镇新开了两家鱼馆，为吸引顾客，双方都打出"正宗野生鱼"的招牌，声称店内鲜鱼保证全部是江上渔船直接供货。

开始的确如此，但随着两店经营规模不断扩大，仅凭渔夫送的鲜鱼已难以保证食客所需，再加上近年来水域污染严重，野生鱼资源越来越少，鱼价自然也是"水涨船高"。

孙家鱼馆老板为了避免赔本，无奈将鱼价抬了上去，以致顾客数量锐减，生意日渐冷清。而刘家鱼馆老板头脑活，他认为不能提价。提了价，谁还来呀？但也不能高进低出，怎么办呢？他悄悄以网箱鱼替代野生鱼，因为价格低，吸引来不少食客。

这天，刘家鱼馆因为客满，几个食客只好转身到了孙家鱼馆。几个人坐下来点了几条鲤鱼，正吃着，其中一个人突然大叫起来，孙老板闻声出来一看，只见一位食客被鱼嘴内遗留的钩钩住了嘴，鲜血淋淋。孙老板赶紧与店伙伴把受伤的食客送到了医院治疗。忙碌下来后，孙家鱼馆不但未收一分钱，反而倒赔了食客一千元医药费。

刘家鱼馆的人见孙家鱼馆一蹶不振暗自庆幸。间或在言谈中透出"看看他孙家鱼馆不行了，吃鱼还钩破了食客的嘴，还有哪位不要命的食客敢去送命"的幸灾乐祸。生意眼看做不下去了，孙老板急得来回踱步，突然他脑袋里跳出一个怪想法。

第二天，孙家鱼馆门前贴出了用大红纸书写的醒目的"致歉声明"，声明中说：本鱼馆所供鲜鱼由于是渔夫从江中垂钓所得，致使鱼钩留鱼嘴并逃过服务人员的检查，最终造成了鱼钩误伤顾客的事情发生。同时，孙家鱼馆还保证今后避免此类事情再次发生。

"致歉信"贴出来没几天，情况发生逆转，食客大增，门店的冷清变成了门庭若市。原来人们通过"致歉声明"明白了孙家鱼馆的鱼是纯野生的，要不鱼嘴中咋有鱼钩呢？网箱鱼自然不可能有鱼钩遗留鱼嘴。再说，孙老板敢于承认错误，说明孙家鱼馆诚实守信，不唬人。至于鱼价调高的问题，钓的鱼嘛，肯定是要比网箱鱼的成本高。

有好事者，专门到刘家鱼馆再仔细品尝，结果发现味道就是与孙家鱼馆的鱼不一样，事情传出去，孙家鱼馆的生意又重新红火起来了。

本是件心烦事，反倒成了体现诚信的好时机！假设孙老板不采用逆向思维挽救事态，恐怕这件"祸事"就变成了致命伤，饭店就要关门了。人的思维最怕僵化，一旦僵化形成定式就会产生误区。做生意如果只沿着一种思维的"死胡同"，就成了"憋死牛"。而逆向思维的一个小小转变却很可能让你绝处逢生，生意由劣势转为优势。

这个聪明的老板值得我们去学习，做生意的确是一门学问，并不好做，要和顾客之间产生博弈，还会和同行之间产生竞争的不可合作博弈，被顾客抛弃或者被同行挤掉都是很正常的事情。但是这个老板在面临倒塌的时候却能把自己的劣势突然之间变成优势，这当然是他的真材实料的结果，但是要得到这样起死回生的效果还得靠他的智慧啊！

其实像这样的例子多得很，仔细想一下你的生活，观察一下你身边的人，你就会发现很多人都会利用自己的劣势做得让你佩服不已。我们自己也要开始学会利用自己的劣势，借机朝上发展，把不利的因素引导着朝自己有利的方向发展，变不利为有利，变被动为主动。

想起有一句古语："如敌之强，实强于我，我先攻击弱，无损其强，而力已疲矣。先强先弱，总在因势而动。"这就是说要想获得胜利，需要"因势而动"，但是我们要明白，很多时候，有些"势"没法改变，能改变的只有我们自己的策略。

就像上面的断臂小子，有一些我们不想要的缺点自己是没有办法的，残疾、矮小……我们要做的就是扬长避短，把自己的劣势转换到另外的场合变成优点，即可胜利。

生活就是这样，人与人之间的博弈，人与环境的博弈都是这样的，其

实大家都是相互依存和斗争的，太极中的阴阳就是这样，谁占上风就看你自己怎么去摆这个大圈。

两个弱者之和大于二

每个人都是有缺点的，也许别人正可以利用你的弱点攻击你，而你要做的就是怎么去弥补它。

中国有一句俗话叫做"三个臭皮匠，赛过诸葛亮"，这也是有渊源的。话说有一天，诸葛亮到东吴做客，为孙权设计了一尊报恩寺塔。其实，这是诸葛亮先生要掂掂东吴的分量，看看东吴有没有能人造塔。那宝塔要求可高啦，单是顶上的铜葫芦，就有五丈高，四十多斤重。孙权被难住了，急得面黄肌瘦。后来寻到了冶匠，但缺少做铜葫芦模型的人，便在城门上贴起招贤榜。时隔一月，仍然没有一点儿下文。诸葛亮每天在招贤榜下踱方步，高兴得直摇鹅毛扇子。

那城门口有三个摆摊子的皮匠，他们面目丑陋，又目不识丁，大家都称他们是臭皮匠。他们听说诸葛亮在寻东吴人的开心，心里不服气，便凑在一起商议。他们足足花了三天三夜的工夫，终于用剪鞋样的办法，剪出个葫芦的样子。然后，再用牛皮开料，硬是一锥子、一锥子地缝成一个大葫芦的模型。在浇铜水时，先将皮葫芦埋在沙里。这一招，果然一举成功。诸葛亮得到铜葫芦浇好的消息，立即向孙权告辞，从此再也不敢小看东吴了。"三个臭皮匠，赛过诸葛亮"的故事，就这样成了一句寓意深刻的谚语。

你看，这几个臭皮匠的智慧与诸葛亮比起来那绝对是天上地下之别但是这一局的博弈诸葛亮却没有占到上风，为什么？

主要一个原因就是人的思维都是有缺陷的，在想一个问题的时候你的考虑范围只能局限在一个部分内，而且有时候两个人的强势刚好可以补充对方的弱势，让弱势的部分不再是问题，这时候两个弱者的和就不再是两个弱者，而是一个强者了。

古人讲究集思广益，同样一个问题，每个人都有不同的看法，将其集中到一起分析，你就可以看到众人对问题看法的全面性和解决方法的多样性，有些东西也许是你一个人一辈子都不会想到的。这样的做法会让你思维开阔，很快提高自己的能力。所以要学会与他人合作，不要再只看见别人的弱点，要学会利用别人的优势，学会把自己与别人结合起来，把别人的优势和智慧借过来弥补自己的不足。

以前看过一个瞎子和跛子的故事，让人很感动。某天，一个瞎子和一个跛子在屋里突遇大火，当时四周无人，他们无法得到任何援助。生命危在旦夕之时，两人决定合力突围，瞎子借助跛子的眼睛，跛子借助瞎子的腿，以"瞎子背跛子"的方式，逃离了火海，幸运地活了下来。

你看，一个瞎子和一个跛子的组合就不再是两个残疾人，而是一个正常可以逃生的健康人。假设他们两个不知道合作的话，结果我们是可以想象的，两个人肯定都逃不出火海了，在这样一个与火的博弈中，输掉是不用怀疑的。

但是他们知道自己的弱点，也知道自己的优势，合作让他们两个的弱势消失了，给了自己活命的机会。

不知道有没有见过蚂蚁搬东西的场景，如果看见过的人我相信都会被它们的那种精神感动的。每次蚂蚁都可以把比自己大很多的食物搬回去，那食物的体积或许是蚂蚁的几十倍甚至是上百倍。它们怎么搬的呢，很简单，有首儿歌唱得很形象："一只蚂蚁来搬米，搬来搬去搬不起，两只蚂蚁来搬米，身体晃来又晃去，三只蚂蚁来搬米，轻轻抬着进洞里。"一句话，还是要合作。

从前，有两个饥饿的人得到了一位长者的恩赐：一根鱼竿和一篓鲜活硕大的鱼。其中，一个人要了一篓鱼，另一个人要了一根鱼竿，于是他们分道扬镳了。得到鱼的人在原地就用干柴搭起篝火煮起了鱼，他狼吞虎咽，还没有品出鲜鱼的肉香，转瞬间，连鱼带汤就被他吃了个精光，不久，他便饿死在空空的鱼篓旁。另一个人则提着鱼竿继续忍饥挨饿，一步步艰难地向海边走去，可当他已经看到不远处那片蔚蓝色的海洋时，他浑身的最后一点力气也使完了，他也只能眼巴巴地带着无尽的遗憾撒手人间。

又有两个饥饿的人，他们同样得到了长者恩赐的一根鱼竿和一篓鱼。只是他们并没有各奔东西，而是商定共同去找寻大海，他俩每次只煮一条鱼，他们经过遥远的跋涉，来到了海边，从此，两人开始了捕鱼为生的日子，几年后，他们盖起了房子，有了各自的家庭、子女，有了自己建造的渔船，过上了幸福安康的生活。

看吧，同样的东西给了不同的人得出不同的结果，只看见自己弱点的人永远都是被困在自己的弱势里面，而看得深远的人却不一样，能够看到合作的远大的作用。例如，你想要创业，你怎么办，靠自己一个人吗？那是不可能的，也许你的朋友有好的点子，还有一些人有雄厚的资金，还有一些人可以帮助你找到市场，但是分开来之后，大家什么也干不了。

就像上面得到了鱼竿和鱼的人，其实他们都明白，只有鱼只能暂时生存下去，而只有鱼竿就更麻烦了，钓到鱼了能活下去，如果还没有钓到鱼之前就饿死了，那就没得说了。只有拿鱼竿一边去找钓鱼的地方，一边拿现成的鱼维生，才是最佳的合作方式，最佳的生存方式。可惜的是，并不是每个人都懂。

这个时候与他人合作就是很必要的了，当然我们要注意的是，在与别人合作的时候要注意分工的明确，每个人干什么要分配合理，否则就会乱套了。就像瞎子和跛子，如果他们不明确自己在逃生的路上该做什么，那么瞎子去瞎找路，跛子跌跌撞撞，结果也不会怎么样。

记得地产大王潘石屹就是这样的一个聪明人，他与妻子的生意搭配让各自的优势得到充分发挥，从而始终站在地产第一位。

潘石屹的缺点在于设计、财务方面，而他对于市场有着超常的嗅觉。

"记得我十一二岁的时候，我们生产队里种了好多的瓜，大人们出去卖，老是卖不出去。后来他们让我去卖，我每次都卖得干干净净的。"潘石屹讲这个故事，是为了证明他是一个天生的好商人。

在 SOHO 中国上市之前，潘石屹的妻子张欣曾接受《华尔街日报》的采访，记者问张欣："你是剑桥大学经济学硕士，又在华尔街工作过，可为什么更关注美学以及设计这类在商业中较为'软性'的部分呢?"

"和我相比，潘石屹天生就是个更好的商人。在市场嗅觉方面，我没有他那样敏锐的直觉。"张欣干脆地回答。

十年前，为了开发北京 CBD 的处女地，潘石屹选中了今天 SOHO 现代城的所在地。当年，所有境外开发商都认为，这个气味不佳的地点并不适合用作 CBD 的选址，因此无人愿意与潘石屹合作。而十年后，潘石屹用事实向他们作出证明。

上市之前，潘石屹和张欣的分工是：前者负责寻找项目、市场、营销和财务，后者负责规划、设计和工程。

SOHO 中国进入上市的程序后，财富大权就交由华尔街出身的张欣负责了。

目前，由于张欣对上市公司的持股比例要高于潘石屹，因此有人戏称潘石屹是给妻子"打工"，但潘石屹却说，这只是一个"家族安排"，没有什么特殊目的。

这样的两个人在我们看来是强人了，但是他们仍然知道自己的弱势在哪里，每个人都是有缺点的，也许别人正可以利用你的弱点攻击你，而你要做的就是怎么去弥补它，潘石屹和妻子的合作就让自己的业绩无可挑剔了。

所以，在生活中我们不会是时时处于强势的，假如你是一个瞎子就要学会瞎子背跛子的智慧，才能在激烈的对决中不被别人击倒。

第七章

进退博弈——面对危险如何选择

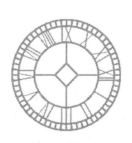

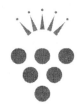

　　在生活和工作中，总出现你争我夺的局面，而且多少都会遭遇一些威胁，甚至碰到危险的境地，那么这个时候你该怎么办呢？这个时候，如何进退，我们就不妨用点斗鸡博弈的智慧。

斗鸡博弈中的进退之道

哪一方能够前进，是由双方的实力预测所决定的，如果两方都无法完全预测双方实力的强弱的话，那就只能通过试探才能知道了，当然有时这种试探是要付出相当大的代价的。

如果在斗鸡场上有两只好战的公鸡发生遭遇战。这时，公鸡有两个行动选择：一是退下来，一是进攻。

如果一方退下来，而对方没有退下来，对方获得胜利，这只公鸡则很丢面子；如果对方也退下来双方则打个平手；如果自己没退下来，而对方退下来，自己则胜利，对方则失败；如果两只公鸡都前进，那么则两败俱伤。

因此，对每只公鸡来说，最好的结果是，对方退下来，而自己不退，但是此时面临着两败俱伤的结果。

不妨假设两只公鸡如果均选择前进，结果是两败俱伤，两者的收益是 -2 个单位，也就是损失为 2 个单位；如果一方前进，另外一方后退，前进的公鸡获得 1 个单位的收益，赢得了面子，而后退的公鸡获得 -1 的收益或损失 1 个单位，输掉了面了，但没有两者均前进受到的损失大；两者均后退，两者均输掉了面子获得 -1 的收益或 1 个单位的损失。当然这些数字只是相对的值。

如果博弈有唯一的纳什均衡点，那么这个博弈是可预测的，即这个纳什均衡点就是事先知道的唯一的博弈结果。但是如果一博弈有两个或两个以上的纳什均衡点，则无法预测出一个结果来。斗鸡博弈则有两个纳什均衡：一方进另一方退。因此，我们无法预测斗鸡博弈的结果，即不能知道谁进谁退，谁输谁赢。

由此看来，斗鸡博弈描述的是两个强者在对抗冲突的时候，如何能让自己占据优势，力争得到最大收益，确保损失最小。斗鸡博弈中的参与者都是处于势均力敌、剑拔弩张的紧张局势。这就与武侠小说中描写的一样，两个武林顶尖高手在华山之上比拼内力，斗得是难分难解，一旦一方稍有分心，内力衰竭，就要被对方一举击溃。

斗鸡博弈在日常生活中非常普遍。比如，收债人与债务人之间的博弈类似于斗鸡博弈：假如债权人 A 与债务人 B 双方实力相当，债权债务关系明确，B 欠 A 100 元，金额可协商，若合作达成妥协，A 可获 90 元，减免 B 债务 10 元，B 可获 10 元。

如一方强硬一方妥协，则强硬方收益为 100 元，而妥协方收益为 0；如双方强硬，发生暴力冲突，A 不但收不回债务还受伤，医疗费用损失 100 元，则 A 的收益为 200 元，也就是不仅 100 元债收不回，反而倒贴 100 元，B 则是损失了 100 元。

因此，A、B 各有两种战略：妥协或强硬。每一方选择自己最优战略时都假定对方战略给定：若 A 妥协，则 B 强硬是最优战略；若 B 妥协，A 强硬将获更大收益。于是双方都强硬，企图获 100 的收益，却不曾考虑这一行动会给自己和对方带来负效益 100。

故这场博弈有两个纳什均衡，A 收益为 100，B 收益为 0，或反之。这显然比不上集体理性下的收益支付，A、B 皆妥协，收益支付分别为 90、10。也就是债权人与债务人为追求利益最大化，会选择不合作，从某种意义上说双方陷入囚徒困境。

尽管在理论上有两个纳什均衡，但由于当今中国信用不健全（如欠债不还、履约率低、假冒伪劣盛行），法律环境对债务人有利，可想而知 B 会首先选择强硬。

因此，这是一个动态博弈，A 在 B 选择强硬后，不会选择强硬，因为 A 采取强硬措施反而结局不好，故 A 只能选择妥协。而在双方强硬的情形下，B 虽然收益为 -100，但 B 会预期，他选择强硬时 A 必会选择妥协，故 B 的理性战略是强硬。因此，这一博弈纳什均衡实际上为 B 强硬 A 妥协。

欠债还钱博弈是假定 A、B 实力相当，如实力相差悬殊，一般实力强者选择强硬。比如，在家庭夫妻冲突中，首先退下阵的一般是丈夫。大部分夫妻怄气或吵架，最终得利的总是妻子。

战国思想家庄子讲过一个故事，说斗鸡的最高状态，就是好像木鸡一样，面对对手毫无反应，可以吓退对手，也可以麻痹对手。这个故事里面就包含着斗鸡博弈的基本原则，就是让对手错误估计双方的力量对比，从而产生错误的期望，再以自己的实力战胜对手。

然而，在实际生活中，两只斗鸡在斗鸡场上要作出严格优势策略的选择，有时并不是一开始就作出这样的选择的，而是要通过反复的试探，甚至是激烈的争斗后才会作出严格优势策略的选择，一方前进，一方后退，这也是符合斗鸡定律的。

因为哪一方前进，不是由两只斗鸡的主观愿望决定的，而是由双方的实力预测所决定的，当两方都无法完全预测双方实力的强弱的话，那就只能通过试探才能知道了，当然有时这种试探是要付出相当大的代价的。

在现实社会中，以这种形式运用斗鸡定律，却比直接选用严格优势策略的形式，要常见得多。这也许是因为人有复杂的思维、更多的欲望。

斗鸡博弈进一步衍生为动态博弈，会形成这样一个拍卖模型。拍卖规则是：轮流出价，谁出得最高，谁就将得到该物品，但是出价少的人不仅得不到该物品，并且要按他所叫的价付给拍卖方。

假定有两人竞价争夺价值一百元的物品，只要双方开始叫价，在这个博弈中双方就进入了骑虎难下的状态。因为，每个人都这样想：如果我退出，我将失去我出的钱，若不退出，我将有可能得到这价值一百元的物品。但是，随着出价的增加，他的损失也可能越来越大。每个人面临着是继续叫价还是退出的两难困境。

这个博弈实际上有一个纳什均衡：第一个出价人叫出一百元的竞标价，另外一个人不出价（因为在对方叫出一百元的价格后，他继续叫价将

是不理性的），出价一百元的参与人得到该物品。

一旦进入骑虎难下的博弈，尽早退出是明智之举。然而当局者往往是做不到的，这就是所谓"当局者迷，旁观者清"。

这种骑虎难下的博弈经常出现在企业或组织之间，也出现在个人之间。赌红了眼的赌徒输了钱还要继续赌下去以希望返本，就是骑虎难下。其实，赌徒进入赌场开始赌博时，他已经进入了骑虎难下的状态，因为，赌场从概率上讲是必胜的。

从理论上讲，赌徒与赌场之间的博弈如果是多次的，那么赌徒肯定会输的，因为赌徒的"资源"与赌场的"资源"相比实在太小了。如果你的"资源"与赌场的"资源"相比很大，那么赌场有可能输；如果你的"资源"无限大，只要你有非零的赢的可能性，那么赌场肯定会输的。

学会牵着对方鼻子走

在生活和工作中，难免会出现你争我夺的情况，这个时候，就体现出斗鸡博弈的影响了。谁能够在你进我退之中占领上风，谁将会取得最终的胜利，成为那只赢的斗鸡。

1980年，美国总统竞选的决战是在共和党候选人里根与民主党候选人卡特之间进行，由于二人当时的实力旗鼓相当，因此他们二人展开了美国竞选史上最激烈的争夺战。

当时的卡特是已经当政四年的在职总统，但政绩并不突出，而且内政方面不能令人满意，国内通货膨胀加剧，失业人数猛增。人们对这些有关国计民生的问题十分不满，怨声载道。而这些正好成了里根手中的王牌，他集中火力攻击卡特经济政策失误，并耸人听闻地宣称他要消除"卡特大

第七章　进退博弈——面对危险如何选择

120

博弈制胜术

萧条"。

而这时的卡特也抓住广大民众关心的战争与和平问题，指责里根增加防务开支的主张是好战之举。

里根与卡特就是这样唇枪舌剑，拳来脚往，双方一时难决雌雄。

20世纪80年代的美国，广播、电视、报纸等大众传播媒介对人们的影响极为广泛。一个人的形象，在美国民众的心中往往占有重要位置，有时甚至直接决定了选民投谁一票。所以，总统选举，与其说是选民在选择候选人的政策纲领，不如说是在品味候选人的性格、智慧、精力、风度。在这方面，里根可以说是占据了得天独厚的优势。

在里根当选共和党总统候选人之后，他当年在好莱坞演过的电影，一下子成了热门，全国各地影剧院、电视台争相放映。这股里根影视热风，无疑替里根做了一次绝好的宣传。人们从影视中看到，当年的里根英俊潇洒、精明强干，而现在仍然生机勃勃、干劲十足，风度不减当年。这给人们留下了一个很好的印象。

在里根影视风兴起的同时，里根还借电视媒体极力展示自己的风采。在与卡特的电视辩论中，里根表现得能言善辩、妙语连珠，而卡特则相形见绌、呆板迟钝、结结巴巴。因此在投票之前关键性的一场电视辩论后，民意测验的结果，支持里根的人上升到67%，支持卡特的人下降为30%。1980年11月4日大选结果，里根以绝对优势大获全胜。

里根的胜利，要归功于他巧妙地利用了大众传播媒介，通过电影、电视、广播等手段，让自己的形象深入民众。在这场斗鸡博弈中，里根成功地把握了进攻的主动，成为了胜利的斗鸡。而卡特则显得捉襟见肘，被里根牵着鼻子走，最终走向失败。

有的时候，在进退之间为了占据主动，你也可以尝试一下寻找到别人的软肋。人都想掩盖自己的弱点和丑处，更有些心智狡猾的人城府很深，很难让人抓住把柄。可是"道高一尺，魔高一丈"，再狡猾的狐狸也会露出尾巴。只要抓住了对手的软肋，你就可以大胆"进攻"了。

诸葛亮初到江东，作为弱国的使者，而且独自一人，看上去势单力

薄。江东的那些怕硬欺软的谋士们，倚仗着坐在家中，人多势众，一个个盛气凌人。诸葛亮决心先打掉他们的气焰，所以出手凌厉，制人要害，像张昭这样的江东首席谋士，凭他的嚣张气势，也不过勉强与诸葛亮周旋了三个回合。他突出的弱点是主张降曹，投降是既无能又无耻的表现。诸葛亮瞅准这一点，在历数刘备一方怎样仁义爱民、艰苦抗击曹操之后，话锋一转："盖国家大计，社稷安危，是有主谋。非比夸辩之徒，应誉欺人；坐议交谈，无人可及，临机应变，百无一能——诚为天下笑耳！"这样就一下子点到了张昭的痛处，使他再也不能开口。

张昭以下的虞翻、步鹭、薛踪、陆绩、严峻、程德枢之流，都是上来一个回合就翻身落马的。如薛练与陆绩出于贬低刘备，抬高了曹操的身份，这就犯了当时士大夫阶层中的舆论大忌。诸葛亮一把抓住这点，斥责他们一个是"无父无君"，一个是"小儿之见"，说得两个人满面羞愧，话都说不出来了。严峻与程德枢完全是迂腐儒生，一个问诸葛亮"适为儒者所笑"，诸葛亮尖锐地指出："寻章摘句，世之腐儒也，何能兴邦立事。""小人之德……笔下虽有千言，胸中实无一策。"甚至屈身变节，更为可悲。准确有力地击中对方的弱点，使对方垂头丧气，理屈词穷。

在情况微妙的时刻，诸葛亮聪明地抓住了对方的软肋，只言片语就消灭了对手的气焰，为自己赢得了主动。在我们的日常工作中，总免不了要和别人唇枪舌剑，特别是在商业谈判中，如果可以先抓住对方的软肋，便可以迅速占据有利位置，让对方从一开始就处于下风，大大削弱了对方的士气和自信，从此便可以牵着对方的鼻子走。

事实上，在唇枪舌剑中，对手总有说漏嘴的时候，这正是反守为攻的好机会。这种办法用以对付傲气十足的对手较易奏效，因为傲者一丢丑便像斗败的公鸡一样，会垂头丧气，沮丧不已。因此傲者比谦虚的人更容易打败。

英国驻日公使巴克斯是个傲气十足的人，他在同日本外务大臣寺岛宗常和陆军大臣西乡南州打交道时，常常表现出不屑一顾的神态，还不时地嘲讽两人。但是每当他碰到棘手的事情时，总喜欢说"等我和法国公使谈了之后再回答吧"，寺岛宗常和西乡南州商量决定抓住这句话攻击一下巴克斯这种傲气十足的行为。一天，西乡南州故意问巴克斯："我很冒昧地问你一件事，英国到底是不是法国的属国呢？"

巴克斯听后又挺起胸膛傲慢无礼地回答说："你这种说法太荒唐了。如果你是日本陆军大臣的话，那么完全应该知道英国不是法国的属国，英国是世界最强大的立宪君主国，甚至德意志共和国也不能相提并论！"

西乡南州冷静地说："我以前也认为英国是个强大的独立国，现在我却不这样认为了。"

巴克斯愤怒地质问道："为什么？"

西乡南州从容地微笑着说："其实也没有什么特别的事，只是因为每当我们代表政府和你谈论到国际上的问题时，你总是说等你和法国公使讨论后再回答。如果英国是个独立国的话，那么为啥要看法国的脸色行事呢？这么看来，英国不是法国的附属国又是什么呢？"

傲气十足的巴克斯被问得哑口无言。从此后他们互相讨论问题时，巴克斯再也不敢傲气十足了。

西乡南州抓住巴克斯语言上的弱点展开攻势取得令人满意的效果。毫无疑义，任何人都不可能是十全十美的，难免有自己的弱点，而傲气者一旦被别人抓住弱点进行攻击，也就瓦解了其傲气的资本。

用点以退为进的手腕

斗鸡博弈中提到，如果斗鸡的双方棋逢对手，且都僵持不下，往往会造成两败俱伤的结果。在这种情况下，适当地退让，然后再展开攻势的一方，往往能得到出其不意的效果。

以退为进，这也是在做人做事中不可或缺的一种方式。你先表现得以他人利益为重，实际上是在为自己的利益开辟道路。在做有风险的事情时，冷静沉着地让一步，往往能取得绝佳的效果。

让自己的利益和意图丝毫不露，尊重并突出别人的观点和利益，让对方因为你能投其所好而情愿做你要他做的事。这就是与他人合作的成功模式。人们常常不会正确使用这一模式，是因为他们常常忘记了，如果我们过分强调自己的需要，那别人对此即便本来是有兴趣的，也会改变态度。

要感动别人，就得从他们的需要入手。你必须明确，要一个人做任何事情，唯一的方法就是使他自己情愿。同时，还必须记得，人的需要是各不相同的，各人有各自的癖好偏爱。只要你认真探索对方的真正意向，特别是与你的计划有关的，你就可以依照他的偏好去对付他。你首先应当拿自己的计划去适应别人的需要，然后你的计划才有实现的可能。比如说服别人最基本的要点之一，就是巧妙地诱导对方的心理或感情，以使他人就范。如果说服的一方特别强调自己的优点，企图使自己占上风，对方反而会加强防范心。所以，应该注意先点破自己的缺点或错误，暂时使对方产生优越感，而且注意不要以一本正经的态度表达，才不会让对方乘虚而入。

有些被求者，以为帮助了别人，有恩于别人，心理上会不自觉地产生一种优越感，说不定还要对求助者数落一番。当你认为自己可能会被人指责时，不妨先数落自己一番，当对方发觉你已承认错误时，便不好意思再指责你了。

以跳高为例，退得远，就能跳得更高。人际关系中暂时的忍让吃亏，可以获得长远的利益。其关键是要学会不露声色地迎合对方需要，既以对方的利益为重，又为自己的利益开道。求人帮忙，可以先高后低，造成你大步退让的假象；或者循序渐进，由小到大，让对方无法察觉你"先得寸后进尺"的真正意图。

赫蒙是美国有名的矿冶工程师，毕业于美国的耶鲁大学，又在德国的佛莱堡大学拿到了硕士学位。可是当赫蒙带齐了所有的文凭去找美国西部的大矿主霍斯特的时候，却遇到了麻烦。那位大矿主是个脾气古怪又很固执的人，他自己没有文凭，所以就不相信有文凭的人，更不喜欢那些文质彬彬又专爱讲理论的工程师。当赫蒙前去应聘递上文凭时，满以为老板会乐不可支，没想到霍斯特很不礼貌地对赫蒙说："我之所以不想用你就是因为你曾经是德国佛莱堡大学的硕士，你的脑子里装满了一大堆没有用的理论，我可不需要什么文绉绉的工程师。"聪明的赫蒙听了不但没有生气，相反心平气和地回答说："假如你答应不告诉我父亲的话，我要告诉你一个秘密。"霍斯特表示同意，于是赫蒙对霍斯特小声说："其实我在德国的佛莱堡并没有学到什么，那三年就好像是稀里糊涂地混过来一样。"想不到霍斯特听了笑嘻嘻地说："好，那明天你就来上班吧。"就这样，赫蒙在必要时退让了一步，轻易地在一个非常顽固的人面前通过了面试。

也许有人认为赫蒙那样做不十分合适，问题是能不能做到既没有伤害别人又能把问题解决。就拿赫蒙来说，他贬低的是自己，他自己的学识如何，当然不在于他自己的评价，就是把自己的学识抬得再高，也不会使自己真正的学识增加一分一毫，反过来贬得再低也不会使自己的学识减少一分一毫。

人们遇到了这样的情况，往往喜欢尽量表现出自己比别人强，或者努力地证明自己是有特殊才干的人，然而一个真正有能力的人是不会自吹自擂的，所谓"自谦则人必服，自夸则人必疑"就是这个道理。

让步其实只是暂时的退却，为了进一尺有时候就必须先作出退一寸的忍让，为了避免吃大亏就不应计较吃点小亏。美国第一届总统华盛顿在任时，身边的副总统是德雷斯顿，这是个闲差，可是德雷斯顿却把它变成具有实权的职位，他常常在演说时讲一些他做副总统闹出的笑话，这样做的结果非但没有降低自己，反而赢得了敬佩和拥护。

退让有一种办法是表面上作出让步，实际上却暗中又进了一步。所谓"新瓶装旧酒"，换了瓶子向对方退步，可酒还是没换，酒力反而更大。这种方法以假掩真、以虚盖实，它反语正说，虚实不定，是令对手难以捉摸、防不胜防的以退为进的高超技术和策略。

有一次，世界著名滑稽演员胡珀在表演时说："我住的旅馆，房间又小又矮，连老鼠都是驼背的。"旅馆老板知道后十分生气，认为胡珀诋毁

125

了旅馆的声誉，要控告他。

胡珀决定用一种奇特的办法，既要坚持自己的看法，又可避免不必要的麻烦。于是在电视台发表了一个声明，向对方表示歉意："我曾经说过，我住的旅馆房间里的老鼠都是驼背的，这句话说错了。我现在郑重更正，那里的老鼠没有一只是驼背的。"

"连那里的老鼠都是驼背的"，意在说明旅馆小且矮；"那里的老鼠没有一只是驼背的"，虽然否定了旅馆的小和矮，但还是肯定了旅馆里有老鼠，而且很多。胡珀的道歉，明是更正，实是批评旅馆的卫生情况，不但坚持了以前的所有看法，讽刺程度更深刻有力。

英国牛津大学有个名叫艾尔·弗雷特的学生，因能写点诗而在学校小有名气。一天，他在同学面前朗诵自己的诗。有个叫查理的同学说："艾尔·弗雷特的诗让我非常感兴趣，它是从一本书里偷来的。"艾尔·弗雷特非常恼火，要求查理当众向他道歉。

查理想了想，答应了。他说："我以前很少收回自己讲过的话。但这一次，我认错了。我本来以为艾尔·弗雷特的诗是从我读的那本书里偷来的，但我到房里翻开那本书一看，发现那首诗仍然在那里。"

两句话表面上不同，"艾尔·弗雷特的诗是从我读的那本书里偷来的"，也就是指艾尔·弗雷特抄袭了那首诗；"那首诗仍然在那里"，指的是被艾尔·弗雷特抄袭的那首诗还在书中。意思没有变，而且进一步肯定了那首诗是抄袭的，这种嘲讽程度更深了一层。

用一点"威慑战略"

要让自己的威慑更加有效，需要做出断绝后路的行为，表达出你孤注一掷的决心，对方才会有所忌惮。

按博弈论的说法，"斗鸡博弈"有两个"纳什均衡"："你进我退，你退我进。"自己的行为取决于对方的行为，而且双方都是这样的选择。那么，最后的"纳什均衡"究竟会出现在哪一点？也就是到底是谁进攻谁撤退呢？

这就要看谁使用了"威慑战略"，并更为有效了。那么，什么是"威慑战略"呢？

就是选择"威慑"的一方要表现出义无反顾、势不可挡的样子，以大无畏的气势震住对方。"狭路相逢勇者胜"，就是这个意思。当然"威慑战略"也是平等的，双方都可以采用，若对方表现得比你还勇猛，你就要"识时务者为俊杰"了，与"愣头青"去拼命是不值得的。

讲个战争年代的故事。一场血腥战役之后，敌我双方的两个士兵狭路相逢了。他们都已身心疲惫，但双方都勉力对峙，枪口对着枪口，目光对着目光。终于，国民党士兵的信心崩溃了，扑通一下跪地求饶。当战士吃力地夺过对方枪支，发现里面根本没有子弹时，他也一下子瘫倒在地，因为他早就弹尽粮绝。

可见，勇还是不勇，有时并不需要真正的较量，而只需将"勇"的信息传递到对方即可。这个理论，甚至在人类与野兽的较量中也通行。

某马戏团表演，驯兽师与老虎同关在一只铁笼中演出，突然停电了。黑暗中的老虎视线不受影响虎视眈眈，而驯兽师却什么也看不见，形势暗含凶险。驯兽师突然意识到，老虎并不知道人看不见它，他镇定自若地挥舞道具，像平时那样表现出降伏猛兽的勇气。老虎在他的指挥下，仍然是一只温驯的"猫"。

在很多情况下，博弈就是比拼谁比谁更有威慑力。下面的故事正应了这样一句话："软的怕硬的，硬的怕横的，横的怕不要命的。"

一个面带菜色、衣着简朴的农民乘坐长途汽车，因为带的杂物太多，被司机训斥后蜷缩在车尾角落里。

车行半路，司机被凶狠的歹徒用刀顶住脖子，眼见一场对全体乘客的抢劫就要发生了。农民突然站了起来，大叫一声："给我住手！"然后写了一张字条递了过去。几个歹徒读罢字条，互相对视片刻，竟然迅速下车逃跑了。大家诧异地问他："你是警察？""不是。""你是军人？""也不是。""那你怎么这么厉害？""老实说，我今天正好带着借来的大笔钱，被他们抢走的话我也只有死路一条，所以只得铤而走险了。我在字条上写的是：快滚蛋！我是一个持枪在逃犯，惹火了我就杀了你们。"

所以"横的还是怕不要命的"，"威慑战略"在某些时候还真管用。你给别人的威慑不一定代表你真会那么去做，只是给别人一种震慑力或假象，在生活中采用一些假的威慑，或许可以解决一些难题。

越剧电影《追鱼》中书生张郎被宰相府招为女婿，但因家贫而遭宰相女儿牡丹的嫌弃。而在张郎读书处水潭里的鲤鱼精，因爱慕张郎而变作牡丹的模样来与他私会。张郎误以为她是真的回心转意，便与她情投意合相悦甚欢。终于事发东窗，两个牡丹真假难辨。断案的包公知道了事情的原委，假装要当庭杖打张郎。这时真的牡丹无动于衷，甚至幸灾乐祸，而假的牡丹则难掩伤心。明察秋毫的包公一看，心里便有数了。

同样道理，如果鲤鱼精也知道一点博弈论的话，在洞察包公的用意后也装作无动于衷、幸灾乐祸的样子。那么，即使是包青天也无可奈何。

不过反过来说，有的时候，人们给出的假威慑并不管用，特别是当对方拿出破釜沉舟的勇气时。我们再看一个经常出现在电视剧里的例子。

一位姑娘与小伙子相爱，但姑娘的父亲坚决反对，以断绝父女关系相威胁。如果姑娘相信的话，她可能会中断与恋人的关系，因为恋人是可以选择的，而血缘是不能替代的。庆幸的是，这是个聪明的姑娘，她知道父亲不会那么做。因为那样的结局对父亲更加不好，不但失去女婿，还会失去女儿。她义无反顾地将"生米煮成了熟饭"，勇敢地结婚了。

用博弈论的话来说，父亲的"威慑"也是个不可置信的假威慑。最后的结果，父亲还是接受了这个当初并不喜欢的女婿。

"威慑战略"可能只是一种"虚张声势"，它不一定会真正地实施。如何识破对方的"虚张声势"呢？这就要看对方的威慑是否可以置信。当父亲威慑顽皮的孩子"你再吵，我就把你从窗户扔下去"，这种大而不当的

威慑就不用置信。

威慑在什么时候才是可置信的？答案是，"只有当事人在不施行这种威慑时，就会遭受更大的损失"。

警察奉命拦截一支游行队伍，群众情绪激动，警察严阵以待，冲突一触即发。若群众表现出不可遏制的愤怒，拼死冲破封锁线的勇气，警察最好识相让开，否则会被愤怒的群众踩扁。但若警察排成铜墙铁壁，并威慑"我们死也不会放你们过去"。真是这样的话，群众也还是作鸟兽散算了。那么如何判断警察的威慑是真的呢？如果警察接到了上级的命令"不成功便成仁"的话，那么不要怀疑，他们将不惜代价也要挡住游行队伍了。

综上，要让自己的威慑更加有效，需要做出断绝后路的行为，表达出你孤注一掷的决心，对方才会有所忌惮。

究竟如何选择你的道路

用斗鸡博弈来解释 20 世纪 60 年代初发生在美苏两个超级大国之间的一场导弹危机，是最合适不过的了。

面对美国的反应，苏联面临着是将导弹撤回国还是坚持部署在古巴的选择。而对于美国，则面临着是挑起战争还是容忍苏联的挑衅行为的选择。也就是说，这两只大公鸡都在考虑是采取进的策略还是退的策略。

战争的结果当然是两败俱伤，任何一方退下来（而对方不退）则是不光彩的事情。结果苏联将导弹从古巴撤了下来，做了丢面子的公鸡；美国坚持了自己的原则，做了有面子的公鸡。当然，为了顾及苏联的面子，美国也限制性地从土耳其撤离了一些导弹。古巴导弹危机是冷战期间美苏两国之间发生的最严重的一次危机。

这就是美国与苏联在古巴导弹上的博弈结果。对于苏联来说，退下来的结果是丢了面子，但总比战争要好；对美国而言，既保全了面子，又没有发生战争。这就是这两只"大公鸡"博弈的结果。

前面我们已知，在博弈中纳什均衡点如果有两个或两个以上，结果就难以预料。这对每个博弈方都是麻烦事，因为后果难料，行动也往往进退两难。举一个小例子，两个骑自行车的人对面碰头，很容易互相"向往"：因为不知道对方会不会躲、往哪边躲，自己也不知该如何反应，于是撞到一起。

自行车相撞一般不会造成什么大麻烦，可是如果换成马车、汽车，就可能出现伤亡。所以，应该有一个强制性的规定，来告诉人们该怎么做。

开车的时候你应该走哪一边？假如别人都靠右行驶，你也会留在右边。套用"假如我认为他认为"的框架进行分析，假如每个人都认为其他人认为每个人都会靠右行驶，那么每个人都会靠右行驶，而他们的预计也全都确切无误。靠右行驶将成为一个均衡。

不过，靠左行驶也是一个均衡，正如在英国、澳大利亚和日本出现的情况。这个博弈有两个均衡。均衡的概念没有告诉我们哪一个更好或者哪一个应该更好。假如一个博弈具有多个均衡，所有参与者必须就应选择哪一个达成共识，否则就会导致困惑。

海上航行也要面临同样的问题，尽管大海辽阔，但是航线却是比较固定的，因此船只交会的机会很多，这些船只属于不同的国家，如何调节谁进谁退的问题呢？先来看一个小笑话：

一艘军舰在夜航中，舰长发现前方航线上出现了灯光。

舰长马上呼叫："对面船只，右转30度。"

对方回答："请对面船只左转30度。"

"我是美国海军上校，右转30度。"

"我是加拿大海军二等兵，请左转30度。"

舰长生气了："听着，我是'列克星顿'号战列舰舰长，这是美国海军最强大的武装力量，右转30度！"

"我是灯塔管理员，请左转30度。"

即使你官阶、舰船再大，灯塔也不会给你让路。那么，如果是两条船相遇，又如何决定呢？

谁先不能等待临时谈判，也不是由官阶说了算。海上避碰也有像许多国家规定车辆在马路上靠右走那样不容谈判的规矩。人们规定：迎面交会的船舶，各向右偏一点儿，问题就解决了。十字交叉交会的船舶，则规定看见对方左舷的那艘船要让，慢下来或者偏右一点儿都可以，这就从制度上规定了避让的方式。

这十字交叉交会时如何避免碰撞的规矩，就是上述博弈的两个纳什均衡中的一个。究竟哪一个纳什均衡真正发生，现在就看两船航行的相互位置。如果甲看见乙的左舷，甲要让乙原速直走；如果乙看见甲的左舷，乙要让甲原速直走。

面对威胁和承诺，怎么办

在博弈中，威胁、承诺都是惯用伎俩，懂得斗鸡博弈的道理注注有助于我们洞悉某些局中的不可置信的威胁、不可置信的承诺等。

在一次博弈论课上，一名教授对学生们说："你们每个人需要给我十元钱，否则我就要去自杀。"学生们哄堂大笑，因为他们觉得他在开玩笑。他的威胁是不可置信的。如果他真要以自杀威胁来讹诈学生的钱财，他该怎么才能成功？那他可不能简单地口头说说而已。博弈论中是否相信一个人，不是看他说了什么，而是看他做了什么——行胜于言。所以教授应该爬到高高的教学楼顶，翻到栏杆外，站在危险的边缘，然后再提出每人给他十元钱，这时候（至少是大部分）学生们会乖乖地掏出十元钱来。因为

他威胁变得可信了——他现在随时有生命危险。

在生活中，人们惯用威胁和恐吓来达到自己的目的。但是，理性的参与者会发现某些博弈中威胁是不可置信的，即塞尔顿（Selton，1994 年经济学诺贝尔奖得主）所谓的"空洞威胁"（empty threat）。威胁不可置信的一个重要原因是：将威胁所声称的策略付诸实践对于威胁者本人来说比实施非威胁声称的策略更不利。既然如此我们就没有理由相信威胁者会选择其威胁所声称的策略。

比如有一个垄断市场，唯一的垄断者独占市场每年可获得 100 万元的利润。现在有一个新的企业准备进入这个市场，如果垄断者对进入者采取打击政策，那么进入者就将每年亏损 10 万元，同时垄断者的利润也下降为 30 万元；如果垄断者对进入者实行默认政策，那么进入者和垄断者将各自得到五十万元利润。现在，为了防止进入者进入，在位的垄断企业宣称：如果进入者进入，那么它就会选择打击政策。

但是，如果读者把这个市场进入博弈的博弈树画出来，再用逆向归纳方法求出均衡路径，你会发现什么？

我们会发现均衡路径是进入者进入，而在位者默认。在位者的威胁将是不可置信的，因为给定进入者真的进入了，在位者选择默认而不是打击将更符合其利益，所以在位者宣称要实施打击，也只是说说而已。不可置信的威胁的产生，是因为威胁者选择其威胁所宣称的行动时，对其自己并没有好处，因此威胁不可置信。这里，对自己并没有好处应当作一个稍宽泛的理解，有时候它可能并不是表示对自己伤害几多，而是因为实施该行动的成本太高而使之无法实施。无法实施的威胁行动，自然就是不可置信的威胁。

这一观念可以解释生活中的诸多现象。

实际上，在很多时候，威胁都是不可置信的，尤其是口头的威胁。在家庭里，也经常出现不可置信的威胁。因为家庭的成员彼此利害相关，惩罚一个家庭成员也会给惩罚者带来负效用，结果就使得惩罚常常并不是很可信。父亲常常会恐吓在墙壁上乱画的孩子，说如果孩子继续乱写乱画就把他耳朵割掉。但是聪明的孩子对此毫不理会，因为他知道父亲不会割掉他的耳朵。是的，父亲怎么可能会割掉他的耳朵呢，这样做对父亲本身来说也是非常不利的事情啊。家庭中管教孩子是父母深为头疼的。因为对孩子没有什么可置信的威胁。不给他饭吃？不给他衣穿？不让他上学？这些都只是说说而已。即便家长威胁要揍孩子一顿，甚至他真的揍了孩子，可是这揍一顿又管什么用呢？狡猾的孩子知道你不可能让他真的伤筋动骨。是的，哪个家长会为了使得对孩子的威胁可信就把他打个半死呢。所以，有时体罚孩子的教育方法，其实都并不是好的策略。那怎么教育孩子？可能还是得讲道理，让孩子懂得着耻和内疚，降低他对于一些不听话行为的主观"赢利"（payoffs），这样来改变其行为。

在公司里，员工常常会策略性地提出加薪，而威胁老板加薪的一个常见版本就是"如果不给我加薪，那我就将离职"。问题是，老板会不会理睬员工的威胁呢？一个显然的事实是，老板可不像小孩那样缺乏理性。如果员工并没有其他的去处，老板就不会理睬员工的加薪要求。只有老板相信员工会离去，并且他觉得多花点钱留住员工是值得的时候，他才会给员工加薪。

譬如，两个国家之间没有犯罪引渡条约，一个罪犯若在一国犯罪而又能成功潜逃到另一国，那么尽管前一个国家有明确的法律制裁规定，但是它对罪犯将没有太大的约束力。对于罪犯来说，那只是一个不可置信的威胁，他可以成功地逃避惩罚。这可能就是劫机之类的犯罪更多地发生在缺乏引渡条约国家之间的原因。如果存在引渡，那么惩罚威胁将是可信的。

这样的道理也适用于贪污犯的外逃。由于有外逃的路线，因此法律惩罚的可信性大打折扣。贪污的行为并不会因法律如何严厉地规定而有所收敛。显然，法律惩罚要成为可置信的威胁，关键不在于是否严厉地规定，而在于是否严厉地执行。

抛开国家层面，在微观的经济单元比如企业中，一样存在着大量的不可置信的威胁成为企业经营中的麻烦。众所周知，家族企业很难制度化管理，为何？原因也在于不可置信的威胁。公司对待违反制度和纪律的员工，常常以处分、开除为威胁，重者触犯法律还可能遭到起诉。但是，对于公司中的家族成员，这些威胁似乎都是不可信的——无法开除家族成员。因为如果家族成员减少，则势必引入外人来经营企业，信任度低了；当家族成员侵犯了公司的权益时，公司也并不会真的起诉，因为公司中的领袖并不愿把家族成员推上法庭。因此，在家族企业中，更多是靠血亲文化而不是靠制度来维系其运转的。因为制度所规定的惩罚是不可置信的，因此制度就没有威力。

在师生之间，有时也会存在不可置信的威胁。教师为了让学生更加努力学习，有时会故意夸大命题和阅卷的严格程度。但是，学生很清楚的是教师不可能让大面积的学生不及格，所以他们就不会理会试题的难度。如果他们预计95%的学生会及格，那么他们就只需要让自己进入那95%就行了，并不会担心绝对分数是否会达到60分。如果教师真的想通过考试压力来迫使学生努力学习，那么他应当公布更低的相对及格标准，比如无论考多少分，都只有70%的同学才算作及格。但是，几乎没有老师会这样公布，因为如果他真的公布了这样一个过低的相对及格率，那么学生会向校方投诉教师强行规定了不合理的及格率。

MBA学员的录取中同样有不可置信的威胁。尽管大学的商学院常常是按照招生计划的一定比例（如1∶1.2）来确定面试人选，即应有20%左右的面试参加者将不被录取。这样的压力之下，理应是大家为面试充分准备，激烈竞争。但实际上，似乎并没有准MBA学员将这当回事。原因是，MBA高额的学费是大学商学院的高额收入。少录取一名学员，就损失数万元的收入（要知道，这是净收入，因为无论增加不增加这名学员，学校的成本都是一样的）。结果，面试淘汰就是不可置信的威胁。相反的结果是，大学总会争取到更多的名额将参加面试的学员一网打尽。

为了使威胁变得可信，人们可以采取承诺行动。承诺行动的基本思想是通过限制自己的某些策略选择，从而使得其选择特定策略的宣称使意图变得可信。或者说，承诺行动是局中人通过减少自己在博弈中的可选行动来迫使对手选择自己所希望的行动。其中的道理在于：既然对方的最优反应行动依赖于我的行动，那么限制我自己的某些行动实际上也就限制了对

方采取某些行动。如果某些承诺行动只是增加了选择某些行动的成本，而不是使该行动完全不可能被选取，则被称为不完全承诺。

虽然语言也可以作为一种承诺，但我们这里讲的承诺行动更注重要落实在"行动"上。"行胜于言"是博弈论的基本教条。一个人嘴巴上可以说得天花乱坠，而理性的人却只看他的行动。

假设在位的垄断企业事前扩大生产能力造成过剩生产能力（这可以降低它打击进入者的成本），而每年对这些过剩生产能力的维护费用为 30 万元，那么这项投资使得其每年的垄断利润从 100 万元下降到 70 万元；但是，如果进入者进入，在位者实施打击的成本降低了，即使扣除过剩生产能力的维护费用也可获得利润 30 万元；如果进入者进入而在位者默认，那么在位者的利润为 50 万元 – 30 万元 = 20 万元。从而使打击的威胁变得可信了。因为，如果进入者进入的话，在位者实施打击得到 30 万的利润比选择默认得到 20 万元要好。而正是由于打击威胁可以置信，因此进入者就不会进入，从而在位者将得到 70 万元的利润。与不扩大生产能力而进入者进入，在位者默认而只能得到 50 万元利润的情况比较，扩大生产能力虽然带来每年 30 万元的维护费用，但这样做仍然是值得的。

当然，企业也可以用其他的方式来承诺一定的采用打击政策。比如，它可以召开一个新闻发布会，对社会公开宣称自己的打击意图。尤其是有声望的大企业使用这一招常常是有效的。因为有声望的大企业言出必行，如果它将来不这样做就会损害企业的声誉。这相当于企业主动切断了"沉默"的道路而无路可退，只有打击。

或者，企业也可以用一个赌博合同来阻止对手进入。比如，在位的垄断企业跟另外一个第三方订立赌约："如果进入者进入而我不打击，那么我就输给你 50 万元。"在这样的一个赌约下，当进入者进入而在位者默认，虽然获得利润 50 万，但支付赌注 50 万元出去，净所得为 0，还不如打击得到利润 30 万而不需支付赌注。所以打击威胁也就变得可信了。有意思的是，企业并不会真的付出这 50 万元的赌注，因为打击威胁可信时进入者就会选择不进入，从而在位者并不需要付出这 50 万元却得到了垄断利润

100 万元，赌约成立的条件也不会发生。这正是博弈中的一个有意思的地方，很多现实的博弈结果，常常是受到那些从未发生的事件所左右的。

但要注意的是，与空洞威胁一样，有时候博弈中的承诺也是不可相信的，这样的承诺被称为空口承诺。空口承诺之所以难以令人相信，是因为它太廉价，人们没有理由去相信。尤其是，如果一个空口的承诺本身不符合承诺者的利益，那我们就不应指望他会遵守承诺。因为，背叛是人的天性，从亚当和夏娃开始，人类就学会了背叛。

中国的"圣人"孔子，曾经生活在陈国，后来离开陈国时途经蒲地，正好遇到公叔氏在蒲地叛乱，蒲地人将孔子扣留起来，不允许其离开。在孔子的请求下，他们提出条件：假如孔子不去卫国，他们就让孔子离开。孔子对天发誓不会去卫国，于是他们放了孔子。结果，一出东门，孔子就直奔卫国而去。到了卫国后，子贡问孔子："誓言可以背叛吗？"孔子说："被迫立下的誓言，神灵是不会听的。""圣人"都可以背叛空口承诺，何况凡夫俗子。

又如以色列和巴勒斯坦的国家纷争，长达数十年的矛盾积怨一直难以化解，看不到和平的曙光，一个重要原因就是双方都无法给对方一个坚实的承诺。巴勒斯坦"土地换和平"的承诺实际上是非常廉价的。因为，如果以色列从占领的领土撤走，而巴勒斯坦仍然可以继续从事恐怖活动。如果要"土地换和平"成为一个可置信的承诺，那么可能需要巴勒斯坦拿出更大的诚意使其承诺具有更坚实的基础，比如停止恐怖袭击并保持足够长的时间来证明不会再搞恐怖袭击。

在国家宏观经济政策中，承诺的不可置信有时也会成为一个大问题。譬如，一般的，如果实际的通货膨胀能略微超越老百姓的预期，对经济的成长会有一定的刺激作用；但是，如果老百姓预期的通货膨胀超过实际通货膨胀，或者与实际的通胀一样，那么通胀政策就不会有什么好处，还不如实施一个零通胀政策。当然，政府可以宣布实施零通胀政策，问题是政府的零通胀承诺是很不可靠的，因为一旦老百姓相信零通胀政策，那么政府搞一点通胀将更能刺激经济，于是政府就会有动力搞一点通货膨胀。政府的承诺是不可置信的。这样的问题，被称做宏观经济政策中的动态不一致性问题。简单地说，就是政府事先宣布的某项政策，一旦被人们相信，则政府就有动力改变这项政策。为了克服这种时间上的动态不一致性问题，一种方式就是政府按照老百姓的预期设置通胀率，使得政府的政策本身处于纳什均衡状态；要么也可以通过立法来确定零通胀政策——法律对零通胀政策给予坚实的承诺，因"政府也不能违法"。

廉价的口头承诺是不可置信的，博弈论讲究的就是看一个人的实际行动。这是一个基本的原则，这个原则在生活中是广泛适用的。比如一个男孩子对一个女孩子许诺会爱她一生一世，如果女孩子就这样相信了他的话，那就太不理性了。因为，说一句爱是非常容易的事，仅仅是嘴里说出的誓言是非常廉价的。如果男孩子更愿意在女孩身上花钱，更多地花费精力关心女孩子，那么他的承诺就更为可信，因为他为他的承诺付出了代价。

设想一个很小的承诺与威胁，比如，参加考试的学生承诺在没有老师的情况下绝不作弊，但却不难想象在考场里没有监考老师的时候，会是一种什么样的景象。学生并不都是道德高尚、具有自制力的人，即使在有老师监督考场，并威胁如果有学生敢于顶风作案，必然严惩不贷，比如考试卷直接作废，找家长等。设想一下，如果这些威胁仅仅是威胁，在学生作弊后没有认真采取什么严惩的行动，那么学生作弊的风险非常小，考场纪律依然与没有老师一样。由此可见，有些时候，监考老师不得不对学生进行专制式的惩罚。

契约为何成为一纸空文

在博弈论中，有一个奇特的现象就是斗鸡博弈，指双方实力相当的时候，要猜测对手作出什么选择，以便自己选择最佳策略维护自己的利益。

在博弈论中，有一个奇特的现象就是斗鸡博弈，指双方实力相当的时候，要猜测对手作出什么选择，自己选择最佳策略维护自己的利益。双方都具有互助互济的精神，而且要保持高度、充分的信任，任何一方只要有了"人不为己，天诛地灭"的想法，双方都会陷于孤立无援的处境；而如果双方都打对方的主意的时候，必然会陷于双方同归于尽的悲惨境地。所以，任何一方的改变，或者任何外来势力的参与，都可能导致这一均衡的打破。其实，斗鸡博弈如果按照博弈原理，双方应该是合则两利，分则两害。但在历史上，斗鸡博弈双方往往是两败俱伤或者一方吞并另一方的结局居多。甚至如果双方都不遵守博弈规则，极有可能导致同归于尽的结局。这是斗鸡博弈最悲惨的结局。这种结局历史上是否有呢？在春秋初期虞、虢两国演绎的唇亡齿寒的故事就具有斗鸡博弈最悲剧性的结果。

春秋时期，今天山西境内实力较强的晋国南面有两个小国，虞国（山西平陆）和虢国（河南陕县）。虞国、虢国虽然地狭人稀，国力弱小，但由于长期跟戎狄杂居，民风强悍。由于世代相邻，实力相当，谁也吞并不了谁，反而在对付戎狄侵略的过程中互助互济，结成了统一战线。如果用博弈观点来看，虞和虢找到了最佳均衡点。

这两国都和周天子有较多的联系和交往。虢国跟周天子特别亲，曾接任郑庄公任周天子卿士，在长葛之战担任下军统帅。虞、虢两国互结同盟，以为犄角，是一种典型的唇亡齿寒的关系。

然而，不幸的是，这时候已经有一个大国盯上了这两块肥肉。这就是晋国。晋国从西周初年被分封到山西境内，实力一直不弱。到晋献公的时候，结束了家族的内部纷争，奋发图强，极力开拓疆土。

对国家而言，吞并他国是壮大自己的最佳策略。当时，地处黄河南的虢国，是晋国向中原发展的首要障碍。晋献公遂下决心灭虢，但灭虢又必须经过南部边境的另一小国虞，而虞、虢两国唇齿相依，关系又十分密切，倘若晋国开启战端，就会陷入两线作战，犯兵家大忌。所以，晋献公必须采取对策，打破虞、虢两国的共赢博弈状态。

晋献公为打破对手建立的战略联盟而征求臣下的意见。大臣荀息提出了一个简单而又适用的方案。他请晋献公用自己最喜欢的北屈的良马、垂棘的玉璧，献给虞君，假道虞国而伐虢。

晋献公舍不得宝马和美玉，苟息劝他说："若得道于虞，犹外府也。"

晋献公担心虞国有贤臣宫之奇，怕虞君不会上当。苟息申辩说："宫之奇之为人也，懦而不能强谏，且少长于君，君昵之，虽谏，将不听。"于是，晋献公决计贿赂虞君，假道灭虢。

情况正如苟息所料，虞君一看到良马宝玉，就陷入了利令智昏的地步。很快就答应了晋国的借道要求，虞、虢两国脆弱的联盟顿时土崩瓦解。虞国大夫宫之奇向虞公讲述了"辅车相依，唇亡齿寒"的道理。指出虞国和虢国休戚相关，荣辱与共，借道无异于自杀。然而，虞公却有了自己的小算盘。在他看来，晋国和虞国是同宗，同宗的晋国正在强大，依附晋国，必然获得更大的收获。事实是这样吗？晋和虞真实的博弈应该是怎样的呢？

虞公很显然是错误地估计了虞和晋的形势。对晋国来说，与虞国这样小的邻国互助互济明显是得不到最大好处的。因为不占据对方的土地和人口，就只能弄到点蝇头小利。最好的方法就是把对方的人口和土地据为己有，才能获取最大利益。所以，从一开始，晋国从内心深处就准备消灭这些小国。对虞公来说，他的想法也不无道理。晋、虞同宗，从血缘关系上与晋国更接近，都是周王室的后裔。而且与一个大国结成攻守同盟比与一个小国结成战略联盟似乎要划算得多。

虞公的想法相当幼稚。虞、虢两国旗鼓相当，在双方势均力敌的时候，又面临着共同的敌人，所以虞、虢能够找到最佳均衡点，能够做到同舟共济。虞公想与晋这样的大国结盟，无异于与虎谋皮。因为晋、虞的均衡点是偏向晋国的。所以虞公一开始就作出了一个错误的博弈选择，没有看到任何平等都是建立在实力基础上的。

虞公迫不及待地出兵和晋国兵合一处，共同讨伐昔日的战友虢国。虢国还真不是弱者，丢了山西平陆县，但元气不伤，然而战略要地和军事虚实还是都被晋国摸清楚了。晋国知道虢国实力不弱，暂且退兵。随后两年里，晋献公屡次催促大臣荀息再次发兵打虢国。荀息说："如今虢国和狄人作战，咱们坐山观虎斗吧。"这其实也是一种非常高明之举。

我们说，晋国和虞国在虢国实力较强的时候出兵攻打，并没有完全实现预定的目的。所以，在对手实力强劲的时候出兵是不明智的。但当虢国和狄人打得死去活来的时候出兵也是不明智的，这很可能导致灭了虢国而与狄人交手，或者把虢国推向了狄人一方。因此，静观对手实力削弱才是理智的。当等对手耗尽自己的力量时，又必须立刻出击，不给对方恢复元气的机会。

最后这一场三方的博弈结局很明显。晋献公二十二年即公元前655年，晋国趁虢国实力大大削弱，再次借道虞而伐虢，灭掉虢国，虢公狼狈逃往周地。在荀息的策划之下，晋师于返回晋国的途中，乘虞国毫无戒备，突然发起袭击，轻而易举地灭掉虞国，俘虏了虞君。

虞、虢从相互依靠到最后共同灭亡，最重要的原因就在于两国建立的共赢博弈太脆弱了，经不起外来力量的推动。而虞公在诱惑面前算错了形势，错误地推断了博弈均衡点，最终留下了唇亡齿寒的故事。

斗鸡博弈是博弈论中的一种典型。处于博弈状态的斗鸡实力相当，如果两者同时出击，往往是两败俱伤，当然，这种两败俱伤不是对等的。但一方想彻底战胜对手而毛发无损也决不可能。所以处于斗鸡对抗的时候，一方总想自己前进，而另一方自动后退，这是一种均衡，只是一种不对等的均衡。

其实，双方各让一步，也是较为理想的一种均衡。然而，双方同时作出让步的机会少之又少。这是因为博弈双方的出发点都往往是希望对方让一步，而自己进一步，从而使自己得到好处。所以，斗鸡博弈中，双方都不敢轻易作出让步，因为这种历史教训实在太多而且血腥。春秋时期的吴越争霸就是一个典型的事例。

吴越两国国土相当，实力相当，但吴国最初似乎并不屑把越国当做主要敌人，反而频频地进攻楚国。最凶狠的一次，在公元前506年冬天，吴王阖闾任用当时最杰出的军事家伍子胥和孙武，仅仅凭借三万人，却千里

挺进，直插楚国腹地，到楚境内决战，七战七胜，打垮二十万楚军，攻入郢都，险些使楚国亡国。

就在吴国主力都集中在楚国攻城略地的时候，越国趁火打劫，派兵攻入吴国。从当时的形势来说，也就是一场斗鸡博弈。

在吴越这场博弈中，吴国进攻楚国，越国趁机攻入吴国。吴王阖闾的弟弟夫概乘机自立为王，阖闾无奈，率军回国，夺回王位。吴军退回了国内，越军也退回了。吴越又保持了不战不和的状态。

公元前496年，越王允常死了，勾践继位，阖闾想教训这个年轻的小后生，于是双方展开大战。勾践先以敢死之士冲击吴军，被吴军击退，于是派犯罪的刑徒向前挑战，他们前进到吴军阵地前面，大喊一声，然后集体自杀。吴军看得目瞪口呆，越军乘势大破吴军。

在这场战争中，吴王阖闾死在初出茅庐的勾践手中。阖闾临死前，叮嘱儿子夫差一定要报这一箭之仇。三年后，勾践听说夫差天天喊复仇，决定先下手为强，于是点齐全国三万壮丁，浩浩荡荡杀向吴国。吴越激战于夫椒，夫差年轻气盛，伍子胥老谋深算，吴军统帅调度灵活，指挥得当，士兵怀着为先王复仇的决心，奋勇出击，结果勾践被打得一败涂地，勾践仅带着残余的五千人躲在会稽山中惶惶不可终日。

夫椒之战以后，勾践仅仅剩下五千人。这已经从一场旗鼓相当的斗鸡博弈转化成为实力一边倒的不对称博弈。

在这两场博弈中，实力相当的吴、越先后主动发起进攻。按照斗鸡博弈的理论，如果双方都前进，那么必然使双方都遭受损失。

然而，真正的斗鸡博弈，在真正打击对方的时候，总会想方设法削弱对手，让自己获取利益，也就是以最小的损失获取最大的利益。所以，在檇李大战中，勾践巧妙地利用死囚集体自杀来挫败对方的锐气，而在夫椒之战前，吴军制订了复仇计划，双方交战，夫差一马当先，极大地激励了士气。

所以，在这两次博弈中，主动进攻的一方先后遭到失败，实际上是败在策略上。

这时候的形势对吴国极为有利，而越国则处在亡国灭种的边缘。吴国已经击溃了越国的全部主力，无论越国下一步怎么走，吴国要消灭越国，已经是举手之劳。而对越国来说，自己无论进攻还是后退，都已经无法决定越国的命运。

唯一的一线希望是吴国主动退却，给越国喘气的机会。但这种机会太渺茫了。因为吴国权臣伍子胥明白吴越同处三江之地，不能长久并存，现在越国战败，正是吞并它的土地和人口的最好时机。

然而，在关键时刻，勾践的本性和夫差的贵族傲气同时出现了，勾践派文种"卑辞厚礼"向吴国求和，甚至愿意以身为奴，保存越国。而意气风发的夫差却小看了这位甘愿为奴的君王，在他看来，勾践为奴，无异于整个越国的臣服。这和吞并越国的国土和人口并没有什么两样。于是，夫差很爽快地答应了这位穷途末路的越国君主，保存了越国。而吴王夫差的视野从此投向了辽阔的北方，那里有更强硬的对手晋国和齐国，有令人羡慕的"霸主"名分。这一切，似乎对这位血统高贵的君王更有吸引力。

从公元前489年，吴国全面转向北方，开始与齐国展开生死博弈。夫差先攻灭了位于河南淮阳的陈国，解除了北进时来自侧翼的威胁，接着，攻打鲁国，打开进军中原的大门。

为了建立北上的战略基地，打通向北进军的交通运输线，吴国开凿了我国历史上第一条人工运河——邗沟。公元前485年，吴在陆地组建鲁、郑、郯等国联军由陆上进攻齐国；同时组建了中国历史上第一支海军，由长江入海，向山东半岛迂回包抄，攻打齐国的侧翼。

公元前484年，夫差得知齐国动乱，再次决定攻齐。齐、吴两军会战艾陵，吴军四面合围，大败齐军，十万齐军基本全军覆灭。然而，夫差的北伐，是一场典型的斗鸡博弈消耗战，吴国精锐就这样一批批暴尸荒野，而为夫差赢得的却是一个虚假的"霸主"称号。

而此时的越国呢？勾践为奴三年，甚至不惜替夫差品尝大便，最后回到越国。在范蠡、文种的帮助下，他制订了"十年生聚"、"十年教训"的战略计划。一面努力生产，一面鼓励夫差北上，又送美女西施诱惑夫差，用大量的财物离间吴国的君臣。经过十年时间，越国君臣上下齐心，十年磨砺，养精蓄锐；吴国不停地东征西讨，大批精锐暴尸荒野，吴强越弱的形势已经悄悄地发生了根本的变化。

公元前482年，吴王夫差带领全国的主力在黄池与晋争霸，勾践和他的谋臣认为时机成熟，泓水歼灭吴军，并乘势攻入吴都。夫差大惊失色，率军回援，但已无可奈何，只能向越国求和。

这时候的吴越，可以说还是两只旗鼓相当的斗鸡，只是骄横的吴国忘记了一山不能容二虎的道理，又跑到北方去，把自己柔软的腹部暴露在越国的利爪下。然而，此时的吴国已经缺乏后劲，所以，过了四年，吴国发生灾荒，勾践再次进攻，在笠泽与吴军隔江对峙，消灭了吴军仅有的主力。

这时候的吴越，又形成了越强而吴弱的"一边倒"的局面。

对吴国来说，唯一的机会也就是自己曾经做过的，越国乖乖退让，给它喘气的机会。然而，从君王到奴隶，又从奴隶到君王的勾践，不会再让对手变成与自己平级的斗鸡。

于是，公元前475年，勾践率军猛扑吴国都城姑苏，围城三年，夫差求和不成，城破自杀，吴国灭亡。

吴越博弈，吴国都是由于主动退让而让对手胜出，吴国对越国而言，它的行为自始至终都像个绅士，不把对手逼上绝路。

博弈制胜

第八章

合作博弈——用团队的力量去获取胜利

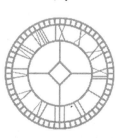

　　人是社会的人，单独地存在是没有意义的，千万不要觉得自己什么都行，想着一个人能解决所有的问题，要学会与人一起合作或者竞争才是对自己有利的方式。

学会与他人合作

独木难成林，单枪匹马也难成事，一个人的行动注注会受到很多的限制，让自己难以向前。一只蚂蚁的力量是非常有限的，也无法成就一番事业，筑起一个蚁巢。

社会学告诉我们，在人类文明之初的原始社会，人们为生的方式主要是狩猎。

而博弈论中有一个著名的"猎鹿模型"讲述了两个猎人共同猎鹿的故事。某一天他们狩猎的时候，看到一只梅花鹿。于是两人商量，只有这两个人齐心协力，都去猎鹿时，才会得到那只鹿。如果猎鹿的时候一只兔子突然在其中一人身边经过，而这个人转而抓兔子，这人会得到兔子，但鹿就跑掉了。两人得到一只鹿的效用远比分别得到一只兔子大。

因此我们可以看到一共有四种方案供选择，每一行都代表一种博弈的结果。具体说来：

X，X

X，0

0，X

1，1

1. 第一行表示，猎人 A 和 B 都抓兔子，结果是猎人 A 和 B 都能吃饱四天；

2. 第二行，猎人 A 抓兔子，猎人 B 猎梅花鹿，结果是猎人 A 可以吃饱四天，B 则一无所获；

3. 第三行，猎人 A 猎梅花鹿，猎人 B 抓兔子，结果是猎人 A 一无所获，猎人 B 可以吃饱 4 天；

4. 第四行，猎人 A 和 B 合作猎梅花鹿，结果是两人平分猎物，都可以吃饱十天。

（1）如果双方都选择了猎鹿，效用为 1，（猎鹿，猎鹿）具有帕累托最优（Pareto Optimality），为深入合作的最佳结果；

（2）如果双方都选择了猎兔，即双方没有合作，（猎兔，猎兔）称为风险上策（Risk dominant）均衡。

（3）如果一人选择了猎鹿，而对方选择了猎兔，即对方没有诚信，背叛了原来的协议，则选择猎鹿者将一无所获，选择猎兔者将保证得到一定效用 X（0 < X < 1）。

我们可以看到，在这个博弈中，根据纳什的均衡原理，应用博弈论中的"严格劣势删除法"，可以得到两个比较好的结果，那就是：要么分别打兔子，每人吃饱四天；要么合作，每人吃饱十天。

当然人心是不一定的，最终会采取哪一种策略就不是纳什均衡能决定的了，比较〔1，1）和〔X，X）两个纳什均衡，明显的事实是，两人一起去猎梅花鹿比各自去抓兔子可以让每个人多吃六天。按照经济学的说法，合作猎鹿的纳什均衡，比分头抓兔子的纳什均衡，具有帕累托优势。与[x，X)相比，〔1，1）不仅有整体福利改进，而且每个人都得到福利改进。

我们采取一种更加常见的说法就是，〔1，1）与〔X，X〕相比，其中一方收益增大，而其他各方的境况都不受损害。这就是〔1，1）比〔X，X〕具有帕累托优势的含义。

我们也可以看得出来，两个猎人自己单独行动的话是最不利的，得到的结果只能让大家吃两天，那么我们从这里就得到这么一个原理，我们不要单独战斗，要学会与他人的合作，一个人的力量不足以让团队都好。

从我们的生活中来看，我们都离不开朋友、家人甚至是陌生人，有时候别人的一个眼神都可以给予你极大的鼓励。人是社会的人，单独存在是没有意义的，千万不要觉得自己什么都行，想着一个人能解决所有的问题，每个人都不是万能的神。有个笑话说得好，每天这么多人在祈祷，而且祈祷的内容也许刚好相反，万能的上帝也忙不过来了。

今天的时代是市场经济时代，市场经济是广泛的交往经济，离不开与各种类型的人合作；今天的时代是竞争的时代，只有选择合作，才能成为最具竞争力的一族；今天的时代是全球一体化的时代，要成为国际人，更需要高超的合作能力。没有合作能力，就不可能适应我们这个时代。

今天的时代要求我们广泛地合作，我们也只能适应时代的要求，没有人能够独自成功。唱独角戏，当独行侠，是不能成大事的。俗话说得好："双拳难敌四手。""三个臭皮匠，赛过诸葛亮。"只有运用合力，善于合作，才有强大的力量，才能把蛋糕做大，把事业做大、做强。

这就迫切要求我们每个人都应具有合作能力；合作能力，指在工作、事业中所需要的协调、协作能力。其突出的特点是指向工作和事业，这正是许多企业、组织极端重视员工的合作能力的原因所在。

任何人离开了他人的支持和配合，离开了一个必要的环境，就像鱼儿离开了水一样，必将一事无成。

团队的力量是伟大的。从远古时期，人类就懂得借助集体的合力求生存，进而征服自然。在不断进化的漫长过程中，人类终于主宰了这个世界。人与人之间的相互依存度越来越高。虽然人们都渴望找到一个清静的世外桃源，远离人群，回归大自然，但是，离开了他人，离开了人类的文明，任何个人都将无法生存。

不要一个人去战斗，充分与他人一起合作或者竞争都是对自己有利的方式。

第八章 合作博弈——用团队的力量去获取胜利

一根筷子与一束筷子

俗话说："人心齐，泰山移。"在我们的生活中、工作中，团队的力量也一样非常强大，博弈的力量不能只靠自己，要靠大家的团结。

《伊索寓言》里有这样的故事，从前有一个人，有好几个儿子，他们经常发生争吵，这个人费了很大的劲，也无法让他的儿子们和和气气地生活在一起。于是，他想出了一个办法，可以让他们明白自己的愚蠢。

某天，老头把三个儿子召集在一起。老头给他们每人一根筷子，说道："请你们将手中的筷子折断。"儿子们虽不知老头的葫芦里卖的是什么药，但还是照办了。三人手中的筷子都轻易地被折断了。老头又拿了一把筷子交给老大，说道："请你将手中的筷子一齐折断。"老大用了很大的力气也没能成功。老头对老二说："你来试试看。"老二也无法做到。幺儿自诩年富力强，将二哥手中的筷子一把抢过，穷毕身之力去折那一把筷子，仍然毫无奏效。三人以疑惑的目光盯着父亲，只见老头颔首微笑："你们明白了吗，孩子们？"他说："如果你们团结在一起，没有人可以是你们的对手，但如果你们一天到晚争吵不休，四分五裂，你们就会变得很虚弱，谁都可以打败你们。"

的确团结才会有力量。每个人都是社会的成员，社会的发展需要我们大伙团结努力，共同推进社会的进步。没有人能主宰世界，我们只有团结起来才能发挥整体的功能，共同创造世界的辉煌。就好比，一个公司要在市场中立于不败之地，就必须团结公司成员的力量，开拓创新，与时俱进，那么这个公司才会不断地发展，不断地壮大。团结的力量就显而易见了。

我们都知道一种娱乐活动，那就是拔河，这是一项有趣的娱乐活动，一项能让人的心与心连在一起，让人与人之间变得团结起来的运动！更让人与人体会到这是一项集体的运动，而不单是个人的项目！

在拔河开始之后它不再仅仅是在拔河，或是娱乐或是在比赛了，因为在这一刻它有一种神奇的力量能让所有的人都团结在一起。它最大的好处不仅是能让我们锻炼了身体，更重要的是它能拉近人与人之间的距离，让所有人的力量都在那一刻凝聚在一起，彼此之间再也不分你我。无论是场上的或是场外的，在这一刻都紧紧地靠在了一起，就像你漂浮在大海上的时候抓到一根木头一样，它就是你的救命草，让你无论如何都不会放手。

它能让你在那一刻深深地体会到与你并肩作战的人都是抱着与你同一个梦想，同一个信念，都在为了同一个理想而努力奋斗着。而为了这个梦想，你要勇敢向前，与你并肩作战的人团结在一起，那时候你会深刻体会到有一种爱就叫做团结是力量！哪怕你用尽了全身力气，你也会觉得那一刻你个人的力量是微不足道的，只有大家都团结起来才能战胜，才能达到大家最终的梦想！

有一个蚂蚁的故事：

一个秋日的下午，一片临河的草丛突然起火，顺着风游走的火舌像一条红色的项链，向草丛中央一个小小的丘陵包围过来。丘陵上无数的蚂蚁被逼得连连后退，它们似乎除了葬身火海已别无选择。但是就在这时，出乎意料的情形出现了，只见蚂蚁们迅速聚拢，抱成一团，滚作一个黑色的"蚁球"冲进火海。烈火将外层的蚂蚁烧得噼啪作响，然而，"蚁球"越滚越快，终于穿过火海，冲进小河。河水把"蚁球"卷向岸边，使大多数蚂蚁绝处逢生。

这个故事告诉我们一个道理：团结就是力量，只有团结起来才能化险为夷、战胜困难，只有团结起来，这些蚂蚁才能绝处逢生。

众人一心，其利断金

合作是一种精神，它源于信任，且无处不在，更重要的是这种精神是难以估量的。

战国时期，荀子就已指出："人，力不如牛，走不若马。而牛马为用，何也？曰：人能群，彼不能群也。"我们上面讲过蚂蚁群体脱难的故事，看来小小的蚂蚁却有比牛马高明的地方，而它们的智慧也不亚于人类。

生物学家通过研究发现，任何一个物种要生存和发展就得具备三个条件：第一，群居，形成团队；第二，团队中的部分成员富有创造力；第三，有良好的沟通机制、合作机制。在团队中，有这么一个有趣的现象：同事之间如果因摩擦产生内耗，团队的智商就远远小于个人智商的平均值；同事之间如果没有内耗，大家同心协力去奋斗，这时的团队智商就会远远大于个人智商的总和，团队的目标因此而更容易实现。

忠诚，是团队精神的核心要素，它的外在表现就是团队的凝聚力。一个缺乏忠诚、缺乏凝聚力的团队，好比一团散沙，即使拥有一流的人才，也不能有效地形成战斗力。唯有团结一致，心往一处想，劲往一处使，才能无往而不胜。团队精神的特征包括强烈的归属感。归属感是团队精神的基础和灵魂，只有热爱团队，认同团队，归属团队，个人才能产生与团队休戚与共的真感情，才能真心实意地跟同事一起同甘共苦。

唯有齐心协力的队伍才是真正有实力的队伍，博弈论上有合作性博弈和对抗性博弈的区别，当合作性博弈的双方不能尽全力去合作时，那对抗性的对方就会找到你们的弱点各个击破，只有同心才能断金。

有个这样一则寓言小故事：两只狼饿了，于是出去找吃的，找了好久它们突然看见前面有一辆小车，里面装满了吃的东西。两只狼都喜出望外地要往回拉，这时候出现了分歧，一只狼觉得走小道会快一些，于是拉起车就往小道上跑。

但是另外一只狼并不是这么认为的，它觉得大道好走，肯定会更快的，于是也拉着车的另一边跑了起来。可是最后它们发现谁都没有办法拉动那个车了，因为谁都不服谁。

其实不管它们谁是对的都可以到达目的地，如果两只狼一起往一个方向用力的话，它们在那儿磨蹭的时间说不定就可以到达它们的狼窝了。

看完这个故事很多人都是一笑了之，嘲笑狼的无知，殊不知人也是这样的，一团散沙的力量怎么也是抵不过拳头的。

我们小学的时候就看过两个人射大雁的故事，两个人看见一只大雁飞过，于是两人决定要把大雁射下来吃了。一个人举起弓准备射并且说道："射下来煮着吃很不错。"这时候另一个人听了很是不满意了，怎么能煮着吃呢，大雁当然是炒着吃好吃啊。

于是两人开始大吵起来，等到两人最后达成协议——一半煮着吃一半炒着吃的时候，再一看大雁早就飞走了。

我们常常就是这样在浪费我们的时间，也在错过着好机会，只因为团队的不和，大家的心不能往一个地方想，还不愿意妥协，最终导致机会白白地溜走了，甚至让自己的对手抓住了良好的机会，给自己以致命的打击，虽然这并不是自己想要的。

只要不是一个人能够完成的事情，就必须要强调团结，团结在一个集体里面是非常重要的。大家为了共同的目的，走到了一起，这为团结设定了先决条件，起码在最开始是这样的。但是随着维权情况的进展，中间会出现很多问题，在某些问题上，难免出现不同意见，有一些分歧。在这个时候，如果不强调团结，只注重个人观点，也许就是这一时的意气用事、言语不合，就会破坏了团结，就会造成我们的集体丧失凝聚力，进而也丧失战斗力，成为一团散沙，不攻自破。

打个比方，也许并不恰当，不妨拿来用用。看看人家水泊梁山和瓦岗

寨，多少成了点大事，我个人觉得，除了其中不乏英雄豪杰本领高强以外，他们的团结起了关键的作用。下面夫妻的一段故事就是一个很好的例子：

李女士一直坚信一句话："夫妻同心，其利断金。"她觉得自己在工作上取得的成就都是因为老公的鼓励和帮助。本来夫妻俩都在一个国企单位上班，没有什么发展的前途。

他们在公司两年后，外商的投资在家乡急剧升温，一起分来的几位同事都先后辞职，去了外资企业。老公刘先生也劝李女士应该抓住好时光跳槽，不要把自己的专业和青春都荒废在小厂里。后来，刘先生也跳槽到一家外企，李女士工作的小厂因经营不善渐渐衰败，这时她才猛然醒悟到如果再不跳槽，机会就会一去不复返！

离开工厂后她没有贪高，而是进了一家专做灯箱广告的小公司。小公司的人员结构很简单，不久，她便熟悉了从招揽业务到最后制作成品的全部工作流程，直至成为公司的得力干将。然而，一年后，刘先生邀请她去他任职的公司应聘，那是一家 4A 级的跨国广告公司，很有发展潜力。李女士被他说得心动了，为了谋求更好的工作环境，她果断地跳进这家 4A级的跨国广告公司。

资历尚浅的她在高手如云的大公司内，只能担任公司低级电脑制作员。这期间刘先生以一个同事的身份给她许多帮助，每次她遇到不懂的问题去问他，他都认真地回答并指导李女士，她变得更加依恋他、欣赏他。当李女士适应了环境，并凭借以前的工作经验出色地完成任务后，她的表现引起了主管的注意，随即她被晋升到设计部工作。同时，她和老公在互帮互助中也变得越来越恩爱。

李女士和老公都喜欢坦荡示人，他们在同一家公司工作，自然会有个别同事对他们的关系抱有异议，但他们一直没有退却、逃避。他们双方始终互相帮助，每次工作上遇到烦恼就商量着解决，工作起来自然非常轻松，而他们老板又是个只看业绩不徇私情的人，她和老公工作优秀，老板也不在乎他们是"夫妻派"。今年 7 月份，她被提升为设计总监，刘先生也由于努力工作被获准升职加薪。

看，这对夫妻的齐心协力让彼此的事业都得到了发展，还让夫妻之间的感情越来越好，这种事情谁不想要呢？

不只对于我们的个人生活如此，大到国家都是这样的。

我们现代的人都很佩服犹太人的聪明才智和他们的团结精神，可是最开始的犹太人并不是这样的。在远古时代，人类的科学认识还不是很发达的时候，对于世界的认识他们也一样不明白，对于自然的变化怀着一种敬畏的心情，人们都把许多无法解释的自然现象神化，因此就发展出了很多的信仰，那时候的他们也只是一群颠沛流离的人群而已。

一直到十诫的出现才有明文规定同意了大家的信仰，我们就不从科学的意义上来讨论这个信仰是否科学了，但是我们可以看到一种现象，他们寻求了一种凝聚的力量，拥有的相同信仰让身为游牧民族的犹太人得以团结，而这些都是他们自己寻找的。

《圣经》故事里面我们还可以看到，当没有团结力量的时候，犹太人始终处于内乱的状态，他们没有一个统一的国度，也没有国王，而是各自为政游荡在广大的土地上，这样的民族是经受不住打击的。

但是后来的犹太人值得全世界去佩服，他们的团结智慧让他们强大，让他们的经济实力、科学实力成为最强的，没有哪个民族能够匹敌。

说到这里的时候，我就想到了我们中国人，在很多的外国人看来，我们中国人都是一团散沙，根本不可能团结起来的，所以很多国家都很不屑于国人，这是很悲哀的事情。

不管是我们生活中的合作伙伴还是家庭中的成员，都要合力才能让困难过去，让生活更加和谐，让我们活得更加美好。

既要合作还要分工

我们的团队既要合作又要分工，两方面不可偏颇。

我们不管做什么事情，合作才能成功，合作才有力量。简单地说，正如一个人的身体，要用眼睛去看，用耳朵去听，用脚去走路，用手去拿东西，用嘴巴去说话……虽然功能不一样，可是必须合作，合作才能成就事业。

可我们不能忘记了一件事情，那就是合作固然很重要，但也要懂得怎么去分工，分工才能各司其职，才能分层负责。一个团体中，主管要懂得授权，授权就是分工；部门要懂得团结，团结就能合作。分工与合作考验彼此的默契，就像"二人三脚"，必须默契十足，动作一致，才能在缺陷中发挥互补的效能。

人体中，眼耳鼻舌各司其职，就是分工；五指握掌成拳，就是合作。但是，六根要能互用无碍，拳掌要能舒卷自如，才能成为一个五官健全、根身正常的人。在军事作战上，也有所谓"分进合击"，经由不同的路线分别向目标包围，才能一举歼灭敌人。所以，当合作时要全力以赴地合作，当分工时也要作适当的分工。能够分工合作，团体才能健全；懂得合作分工，人际才能圆融。

根据亚当·斯密的分工理论，分工是提高劳动生产效率，促进经济增长的源泉。马克思也强调分工的极端重要性，并指出分工与协作能够产生一种集体形式的生产力。

不分工很容易造成大家做事的重复性和一些事情的盲区，这样不利于效率的提高。当我们分工之后，每个人各司其职，各自做好自己的工作，

一个都不能缺失，每个人都是整体的一部分。还是来看我们的身体，不管少了手、脚还是鼻子都不行，我们都会不舒服，不利于生活的继续。

有个老太太，她找了几个中国孩子，让他们做一个游戏。她把几个拴着细线的小球放进一个瓶子里，瓶口很小，一次只能容纳一个小球通过。她说："这是一个火灾现场，每个人只有在三秒钟之内逃出瓶子才能活下去。"她让每个孩子拿一根细线，开始计时了，只见几个孩子从小到大，依次把小球取出来了。老太太很惊讶，她在许多国家做过这个实验，但是没有一个成功过，那些孩子无一例外地都争先恐后地把细线拼命往上拉，导致最后一堆小球堵在瓶口……

三个小球只有中国人可以拉得出来，一个瓶子，在三秒钟之内三个球都出来，三个小孩一个人用一根线拴住一个球，别的国家的小孩争先恐后地拉线都没有出来，只有中国的小孩有秩序，喊一、二、三，一个一个地取出，结果实验成功了。

这几个孩子在实验前就说好了，最小的孩子先出来，后面的等着，就这样简单地分了一下工，就相当于救了自己的命。

你看，一个团队的活动就是这样，分到的责任是什么就要认真去完成什么。有一个乱了，那么整体就会出现问题，所以我们一定要重视分工的作用。

既然分工是这样的重要，我们与他人合作的时候就要做好自己的事情，当然我们也要求自己的伙伴做得很好。

好的伙伴是成功的一半；错误的伙伴——工作上的或个人的——或许比没有伙伴更糟。胜利拍档的价值等同于黄金的重量。不过，有时候，恐惧会阻止我们去寻找最佳拍档，形成达致胜利的伙伴关系。许多人担心他们必须跟别人分享利益、决策权，以及伴随着计划或生意而来的特权。害怕的态度当然不会允许我们去做这种事。像平常一样，好办法就是克服这个恐惧，我们就会知道，组合一对胜利拍档会更符合我们的利益。

判断一个拍档是否适合我们，有几个重要的考虑因素。如果合作伙伴中的成员基本上都做同样的事，那么，不可避免地，有个人将比另外一个

人更辛苦也更投入。通常，那个人会开始憎恨自己老拉着另一个人前进，同样地，被拉着走的那个人也会憎恨另一个人的催促，这通常不是最佳拍档。

比较理想的模式是每个伙伴最好可以提供不同的专业技术和贡献。一个擅长细节的计划，另一个擅长促销和公开演讲；或者一个擅长推销，另一个擅长内部机制的管理和质量监督。一对好的拍档就好比一桩天作之合的姻缘——必须小心挑选。如果我们能结合正确的技术、理论和视野，我们就可以创造出一对最佳拍档。

下面是一个创业失败的人总结自己的经验时，发现由于自己合作伙伴的选择不正确而导致混乱的情况：

创业时，他们一共三人合创了这家企业。他、他的一个极好的朋友、朋友的朋友。朋友的朋友是主导人，而他之前在决定辞职创业时只是与朋友的朋友通过几次电话，基本上是通过他的朋友做一个中间人联系。现在我重点论述一下三人的特性和不协调之处。

我们假定 A 为他，B 为他的朋友，C 为朋友的朋友。

A：24 岁，HR 集团负责产品的省区经理，主抓市场和销售，带领八十人左右的团队。性格比较沉默、偏内向、好思考、行动能力一般、独立思维较强。

B：26 岁，HR 集团负责区域的区域经理，主抓客户，无带领团队经验。性格比较外向、好交流、不好思考、行动能力强、缺乏独立思维。

C：30 岁，KL 集团负责产品的策划人员，主抓市场和产品策略，无带领团队经验。性格比较偏激、易冲动、急躁、表达能力强、思维快、有创意、独立思维强、行动能力强、谈判能力强。

最初是很偶然的原因 B 和 C 结识，C 无资金，有预谋地影响 B 辞职创业，并拉来 A，于是，一个创业的初始团队诞生。

这个团队，从诞生之日，就有几个无法融合的特点，造就了最后的分崩。

1. C 是主导，要求 A 和 B 坚决执行 C 定的方针。但是 C 的方针经常变

化，根据 C 的说法是市场和供应商的变化致使他们也需要改变。但始终，A 和 B 未能完全理解变化的原因及含义，C 也没有作出明确的解释。因为 C 的经验丰富，A 和 B 没有提出异议。

2. C 定的市场策略超过他们现有的资源能力，导致股东需要不断投入并对外借债，但是一直入不敷出，账面现金流一直为红字。此时 C 还是坚定不移地坚持既定的市场投入政策，于是 A 和 B 继续投入，C 却因为个人原因未能作大笔持续投入。导致 A 和 B 有怨言，因为最初 C 的投入也不及 A 和 B。

3. A 对 C 不信任，认为 C 不是一名合适的领导者。B 当时是一团火热胸怀，顺从 C。

4. 为了追求更多的外部投资，C 自主决断引入多名新股东，对每人均擅自承诺股权平均，但对于新股东的入选，只考虑资金的投入，不考虑其个人的期望、意愿及能力。对于某些未按期投入资金的新股东很粗暴地予以抛弃。

合作创业是现在很提倡的一种形式，它也是一种合作博弈，自己的人脉、资金不足的时候，借用他人的智慧等来完成大家的事业。可是经过了很多失败的经验后，大家发现合作伙伴的选择是一件很大的事情，没有好的伙伴什么事情都不行。

所以，我们在与他人合作博弈的时候要注意，我们每个人各司其职，那么就要看看你的伙伴是不是能胜任自己的职责，还要看他是否有足够的责任心，等等。

取长补短才能快速前进

取长补短，让自己的缺点得到改善，优点得到发挥，这是做人最理想的方式了，每个人的性格等只能尽可能地变得更好，却不能十全十美，只有通过别人的补充才能更好。

有个关于战国时期两个官员的故事：

越国人甲父史和公石师各有所长。甲父史善于计谋，但处世很不果断；公石师处世果断，却缺少心计，常犯疏忽大意的错误。因为这两个人交情很好，所以他们经常取长补短，合谋共事。他们虽然是两个人，但好像有一颗心。这两个人无论一起去干什么，总是心想事成。

后来，他们在一些小事上发生了冲突，吵完架后就分了手。当他们各行其是的时候，都在自己的政务中屡获败绩。

一个叫密须奋的人对此感到十分痛心。他哭着规劝两人说："你们听说过海里的水母没有？它没有眼睛，靠虾来带路，而虾则分享着水母的食物。这二者互相依存、缺一不可。我们再看一看琐蛄吧！它是一种带有螺壳的共栖动物，寄生蟹把它的腹部当做巢穴。琐蛄饥饿了，靠螃蟹出去觅食。螃蟹回来以后，琐蛄因吃到了食物而饱，螃蟹因有了巢穴而安。这又是一个谁也离不开谁的例子。"

"让我们再看一个例子，不知你们听说过蟨鼠没有。它前足短，善求食而不善行。可是邛炬虚则四足高、善走路而不善求食。平时邛炬虚靠蟨鼠提供的甘草生活；一旦遭遇劫难，邛炬虚则背着蟨鼠逃跑。它们也是互相依赖的。"

"恐怕你们还没有见过双方不能分开的另一典型例子，那就是西域的二头鸟。这种鸟有两个头共长在一个身子上，但是彼此妒忌、互不相容。两个鸟头饥饿起来互相啄咬，其中的一个睡着了，另一个就往它嘴里塞毒草。如果睡梦中的鸟头咽下了毒草，两个鸟头就会一起死去。它们谁也不能从分裂中得到好处。"

"下面我再举一个人类的例子。北方有一种肩并肩长在一起的'比肩人'。他们轮流着吃喝、交替着看东西，死一个则全死，同样是二者不可分离。现在你们两人与这种'比肩人'非常相似。你们和'比肩人'的区别仅仅在于，'比肩人'是通过形体，而你们是通过事业联系在一起的。既然你们独自处世时连连失败，为什么还不和好呢？"

甲父史和公石师听了密须奋的劝解，对视着会意地说："要不是密须奋这番道理讲得好，我们还会单枪匹马受更多的挫折！"于是，两人言归于好，重新在一起合作共事。

这则寓言通过密须奋讲的五个故事以及甲父史和公石师的经验、教训告诉大家，生物界中各种个体的能力是非常有限的。在争生存、求发展的斗争中，只有坚持团结合作、取长补短，才能赢得一个又一个胜利。

就像故事里面的正面故事一样，一种生物有自己的优点也有自己的缺点，可以拿别人的优点来弥补自己的不足。而反面故事里的依存关系本来很好，可以生活得更加美好，可是就是因为不知道合作而导致谁都得不到好处，这又是何必呢？

我们说要通过取长补短来共同进步，达到共赢的目的，两个人忠诚地合作也就是为自己的将来在创造机会。

有人和上帝讨论天堂和地狱的问题。上帝对他说："来吧！我让你看看什么是地狱。"

他们走进一个房间。一群人围着一大锅肉汤，但每个人看上去一脸饿相，瘦骨伶仃。他们每个人都有一只可以够到锅里的汤勺，但汤勺的柄比他们的手臂还长，自己没法把汤送进嘴里。有肉汤喝不到肚子。只能望"汤"兴叹，无可奈何。

"来吧！我再让你看看天堂。"上帝把这个人领到另一个房间。这里的一切和刚才那个房间没什么不同，一锅汤、一群人、一样的长柄汤勺，但大家都心宽体胖，正在快乐地歌唱着幸福。

"为什么?"这个人不解地问，"为什么地狱的人喝不到肉汤，而天堂的人却能喝到?"

上帝微笑着说："很简单，在这儿，他们都会喂别人。"

自己的生活是自己创造的，勺子太长了也要学会怎么才能让它送汤到嘴里，喂别人的时候也是在喂自己，取别人的长勺弥补自己的不足，这样的人才配得上去天堂，这样的人才能活得更加有滋有味。

懂得取长补短，共同发展，把不同才能结合起来，把理想和现实结合起来，才有可能成为一个成功之人。有时候，一个简单的道理，却足以给人意味深长的生命启示。

一个人只顾眼前的利益，只顾自身的利益，不懂得双赢和共同发展，那么他得到的终将是短暂的欢愉，甚至得不到任何的快乐。

人的五个手指有长有短，就像每个手指都有自己的优缺点，如果做事的时候不知道把所有的手指的长处发挥出来，那就什么都做不好了。

一天，五个手指在一起闲着没事，就谁是最优秀的话题争吵起来。

大拇指说："在咱们五个当中我是最棒的，你们看，首先，我是最粗最壮的一个，无论赞美谁，夸奖谁，都把我竖起来，所以我是最棒的……"

这时，食指站了出来说："咱们五个我是最厉害的，谁要是出现错误，谁有不对的地方，我都会把他指出来……"

中指拍拍胸脯骄傲地说："看你们一个个矮的矮，小的小，哪有一个像样的，其实我才是真正顶天立地的英雄……"

到无名指了，它更是不服气："你们都别说了，人们最信任的就属我了，你们看，当一对情侣喜结良缘的时候，那颗代表着真爱的钻戒不都戴在我的身上么……"

到了小指，看它矮矮矬矬的，可最有精神，它说："你们都别说了，看我长得小吗? 当每个人虔心拜佛、祈祷的时候不都把我放在最前面吗……"

其实每个人都有自己的长处，也都有缺点，只要能取人长、补己短，相互合作就是完美的！如果不懂得这个道理，那什么事情的进行都是一个独行侠，这样的人能做好什么呢？每个手指都可以说出自己的优点，别的手指也可以说出它的缺点，不管是哪根手指都不能单独去拿起扫帚来扫地。

其实自然界中的很多东西都是以取长补短的方式生存的，阴阳相调的方式把世界补充得更加完美，夫妻之间性格相投是一个好的方式。但是研究表明，如果大家性格相补，取长补短的方式其实更好，不但生活和谐还可以完善个人的性格。

优势互补赢得成功

只有充分发挥自己的才智，利用自己和别人的优势，更好地合作，才能赢得博弈游戏。

《韩非子·说林上》里有一则寓言故事，说的是：

蛇要迁移，于是小蛇对大蛇说了："你在前，我跟着你走，人们就会认为这是普通的蛇，会将我们打死的。"大蛇问："那该怎么办呢？"小蛇说："你就让我站在你的头上一起走，人们一定会认为我是神灵。"

果然，大蛇背着小蛇走，人们见了，不但不敢打它们，还感到惊奇，都以为见到了神灵，烧香磕拜，祈求保佑。

这则寓言教会我们要随机应变，要善于与他人合作，合理利用身边的物力和人力，让这些人力和物力发挥最大的作用，也能让自己处于博弈游戏的强势状态之中。

大家都知道，我们是社会的人，每一次的博弈都不是一个单独的活动，是要和外界的事物或者人联系的，如果能够合理地利用别人手里的力

量，就会让你的力量更加强大。

在纷繁芜杂的今天，在自己的力量还没有足够强大的时候，借助他人的力量，是走向成功的捷径。对于一个人来说，要获得进一步发展，更免不了借助他人的力量。

像上面的小蛇与大蛇，它们任何一个的力量都是不够的，如果单独出去，肯定会被人给打死在路上，那么在这样的博弈游戏中，这两条蛇就成为了失败者，不但找不到一个新的住宿地点，可能连命都要搭进去了。

但是这两条蛇懂得利用自己的智慧，知道怎么去迷惑众人，知道怎么才能加强自己的力量，让人不但不敢伤害自己，而且还奉为神灵一般。无疑，这两条蛇是智者，只有充分发挥自己的才智，利用自己和别人的优势，更好地合作，才能赢得博弈游戏。

一个人，不管他的能耐有多大，他的智慧和才能都是有限的。唯有借助他人的能力和智慧，取长补短，为我所用，才能广采博集，发挥集体的智慧。特别是在全球化迅速发展的今天，更离不开他人的智慧和支持。

荀子在《劝学》中有一段善于借助他人力量和外部条件的精彩论述："登高而招，臂非加长也，而见者远；顺风而呼，声非加疾也，而闻者彰；假舆马者，非利足也，而致千里；假舟楫者，非能水也，而绝江河。君子生非异也，善假于物也。"即是说，登上高处，挥动手臂，在很远的地方也能看到；顺风而呼，声音并非洪亮，但听的人都觉得很清楚；借助车马，不用腿跑也能行千里之远；借助船只，水性不好也能渡过大江河。

乘船的人能渡江河，并非他的游泳技术好，而是他借用了船的力量；骑马的人能行千里，也不是他跑得快，而是他借用了马的力量，想想如果你牵着马一起走而不是骑着马奔腾，那么你的速度也不会更快了。

美国亿万富翁丹尼尔·洛维洛近四十岁时还很穷，不成气候。无所事事地"混"了几十年后，洛维洛突然大彻大悟，发现了一个借钱发财的办法。他先说服银行给他一笔贷款，买了一条货船，将之改为油轮包租了出去。而后，又以这条船做抵押，到银行借到另一笔贷款，买了第二条货船，也改成油轮出租。随后的几年中，洛维洛不断地贷款买船、出租，生

意越来越大。

后来，洛维洛借钱赚钱的方法又上了一个新台阶：他组织人设计了一条船，在安装龙骨之前，他便找到一家运输公司，说服该公司预定包租这条八字还没有一撇的船。洛维洛拿着该公司与他签订的合同，并以未来的租金为抵押到银行里贷来款子建造这艘船。若干年之后，洛维洛连本带息还清了这笔贷款，拥有了这艘船。但从严格意义上说，他却始终没有花过一分钱。

我们来分析一下这个富翁的起家，本来他是什么资本都没有的人，而且年龄还那么大了，在社会上和大家竞争的博弈之中这无疑是一个很弱的条件，想要成功是很难的，这场没有硝烟的战争很多人都不敢去想了。但是他很聪明，知道怎么去利用别人的财产来赢得信任，继而有了更多的资本。而对银行来说，贷款是可以给他们增加利润的，而且这个商人的信誉比较好，有发展的前途，银行也愿意为他提供资本而为自己赢利。所以，单独的这两者似乎都是不可行的，但是当这两者相互借助力量的时候，就形成了强有力的组合，从而赢得了博弈游戏，战胜了游戏中的对手。

在上大学的时候，也经常有这样的情况，学校的球队经常要组织各种各样的比赛，本来这是一个很好的活动。但问题是，球队的队服怎么去解决，每次踢完球要买水，平时球队的活动，这些正常的活动都是需要钱的，如果让球员出那是不可能的。

所以，这时候就出现了去拉赞助的情况，学校旁边的小公司之类的都很愿意帮这个忙。其实这也是一个背着小蛇出发的故事，想想吧，球队为了能正常发展，当然需要这些公司的力量，而这些小公司同时也基本是靠学校的学生来维持的，所以，赞助一些小钱就能让球队给自己做免费的广告，何乐而不为呢？

最后，大家都达到了自己的目的，这就是和谐、双赢！在现代社会，很提倡双赢的结果，这和纳什的均衡原理就是相通的，只有当双方都不吃亏的状态，结果才是最好的。

现代社会越来越开放，信息传播越来越快捷，企业的结构越来越庞

大，专业分工越来越细致。靠个人单枪匹马独闯天下的时代已经过去。要成功就要借助他人的力量而不是自己一个人的艰苦奋斗。换句话说，就是要调动外界的一切能为我所用的资源，从而提高我们的办事效率，迅速达到我们的预定目标。

汉高祖刘邦共有八个皇子，生母不一，为了争夺太子之位，展开了子与子、母与母之间的明争暗斗。刘邦有位爱姬戚夫人，她想要刘邦废除太子，改立自己的儿子如意为太子。可吕后想保住自己的儿子刘盈的太子地位，于是她找张良帮忙。张良献上一计："皇上一直想招聘四个隐居的贤人出山，但他们始终不肯，若将他们迎为宾客，太子常请此四人赴宴，必会被皇上看见而问其原因。"果然不出张良所料，高祖以为刘盈为人恭敬仁孝，天下名人慕名而来，终于打消了废去太子的念头。

刘盈的成功完全是因为借助了四大贤人的盛名，借助他们的名望保住了太子的地位。一个人的力量毕竟是有限的，要想在事业上获得成功，除了靠自己的努力奋斗之外，有时真得需要借助他人的力量，只有"好风凭借力"，才能"送我上青云"。

一个人想要取得大家的信任，想要在世上立足，想要日子过得顺利，都必须要和他人合作，借助别人的力量。博弈中，能够合作的人一起叫做合作博弈，而始终敌对的势力叫做非合作博弈，如果你能够加强这种合作博弈的力量，那非合作博弈的对象就能更加容易被打倒。

所以，就像前面我们提到的一样，每个人都不能做一个木头一样的人物，要靠自己的智慧，动用自己的脑子来取胜，来创造和谐的生活。而外界的资源不利用就是浪费，要学会理性地博弈，让别人已有的资源和自己的优势结合起来，给自己的生活带来便利。

覆巢之下，焉有完卵

当我们在一起做事情的时候，遇到事情没有哪个人能够独善其身，只有共同解决了事情，大家一起到达整体的美好才能是最好的。

汉献帝时，曹操独揽朝政大权，挟天子以令诸侯。一次，曹操率领大军南征刘备、孙权，孔融（孔子后代）反对，劝曹操停止出兵。曹操不听，孔融便在背地里发了几句牢骚。御史大夫郗虑平时与孔融不睦，得知这个情况后，便加油添醋地向曹操报告，并挑拨道："孔融一向就瞧不起您。""祢衡对您无理谩骂，完全是孔融指使的。"曹操一听，大怒，当即下令将孔融全家抓起来一并处死。

孔融被捕时，家中里里外外的人一个个害怕得不行，但是他的两个八九岁的孩子却在那儿玩琢钉的游戏，没有一点惶恐的样子。家人以为孩子不懂事，大祸临头还不知道，便偷偷地叫他们赶快逃跑。孔融也对执行逮捕任务的使者恳求说："我希望只加罪于我本人，两个孩子能不能保全？"不料两个孩子竟不慌不忙地说："爸爸，你不要恳求了，他们不会放过我们的，覆巢之下，焉有完卵？恳求有什么用？"结果，两个孩子从容不迫地和父亲一起被抓去处死。

后人即以"覆巢之下，焉有完卵"作成语用，比喻整体遭殃，个体（或部分）亦不能保全。

的确是这样的，无人能独自成功，因而，拥有团队精神至关重要。当你的团队都不好的时候怎么可能有好的个人发展呢？

当我们在一起做事情的时候，遇到事情没有哪个人能够独善其身，只有共同解决了事情，大家一起到达整体的美好才能是最好的。

在田径赛场上，跑道上的田径精英一度曾是美国名将，他们不但一再地破大会甚至世界纪录，也赢得了其他大大小小的比赛。然而其他国家的赛跑选手——尤其是肯尼亚选手，逐渐迎头赶上，在一些最有分量的比赛中崭露头角，例如，肯尼亚的男子选手在波士顿马拉松赛上频传佳音。

没过多久，美国选手就对奖牌奖金被外国选手抢得而发出了不平之鸣，尤其是在美国本土举行的比赛，有些比赛甚至刻意地针对美国选手设奖。不过有些选手研究了美国和肯尼亚选手的训练方式之后，发现其间有极大的差异。美国选手总是单独训练，并且为自己而比赛；而肯尼亚选手则是整队整组一起训练，一起赛跑，他们通常会选择一名选手做"配速员"，在比赛一开始就领导全队（包括最后获胜的选手）保持获胜的速度，一直到比赛终了。肯尼亚的选手轮流担任队友的配速员，也轮流做最后获胜的选手，他们的目标是，只要有一名肯尼亚选手获胜，那么全队就赢了。

正如每一种生物都为整体的利益而发挥自己的作用一样，世界上没有仅仅依靠自己就能成功的人，任何成功者都得站在别人的肩膀上。

我们都需要帮助，我们都从最低层借助别人之手起家，并对无数的人心存感激。正是他们花费宝贵的时间鼓励、教导我们，为我们敞开机遇的大门；需要时，不辞辛劳地从底下把我们托起。当然，你必须有足够的勇气，伸出手并爬上他们的肩膀，尽管有时他们看起来摇摇晃晃；你必须同时接纳赞扬和批评，因为两者都是你成长的必要途径；还必须不断地与合适的人在合适的环境中磨炼自己，提高自己的技能；且求教于大师们，从他们的成功与失败中学习，向他们挑战，让他们也从你的观点中有所收获。

追求个人利益最大化的人往往被喻为聪明人，最后也可能是一个成功者，但一个团体中每个人都是聪明的人也是一个大问题。对于一大群人来说，如果 A 是最好的选择，但对于个人来说 B 是最好的选择，如果这个人在这个团体中拥有权力，显然会选择 B，然而团体利益的损害最终也会影响到个人，正所谓"覆巢之下，焉有完卵"。所以在一个团体中需要聪明人，但也需要"笨人"，脑子一根筋的人，以团体的目标为自己的目标，不惜牺牲个人利益，也就是聪明人加笨人的团体要好于都是笨人的团体，都是笨人的团体要好于一团散沙的聪明人组成的团体。

人生活在团体之中，团体利益的损害，和个人是息息相关的，我们个人所追求的小目标，有时对于团体未必有利，如士兵贪生怕死，只为保全自己，就会损害国家利益，导致国家被侵略。

没有集体，就无所谓个体；没有个体，就无法成为集体。集体和个体永远是相互依存的关系。维护集体利益，就是维护自己的利益；侵害集体利益，就是侵害自己的利益；玷污集体形象，就是玷污自己的形象！

博弈制胜

第九章

处世博弈——理性地面对生活中的事情

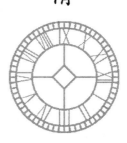

　　处世中的博弈原则能够让我们直击对方心理，采取有利策略，在社会关系的驾驭中游刃有余。

理性与非理性的博弈

如果每个人都是理性的，那么，当两人发生利益冲突时，是理性，还是非理性，就要看双方在博弈的时候，理性所起的作用有多大。

作为个体人都是感性的，但分析事物时都是理性的，而当我们按理性思维去操作时，又难免流于感性。感性和理性往往同在。所以我们要根据理性和感性谁起的作用更大，来选择自己用什么策略。

其实，在一定条件下，尤其是策略的选择。有时，根据需要非理性的选择也是博弈论中经常运用的重要抉择。

比如，很久以前，在北美地区活跃着几支以狩猎为生的印第安人部落，经过长时间的生存拼搏之后，令人匪夷所思的是在狩猎之前，请巫师作法，在仪式上焚烧鹿骨，然后根据鹿骨上的纹路确定出击方向的印第安人部落，成为唯一的幸存者；而事先根据过去成功经验，选择最可能获取猎物方向出击的其他部落，最终都销声匿迹了。

也许有人会感到不可思议，"科学预测"怎么能败给"巫师作法"呢？其实不然，仔细品味故事的来龙去脉，我们就会发现，问题的关键并不在于科学与迷信之间，根本原因在于，几个部落的竞争战略有所不同。

依据经验进行预测并确定前进方向的部落，或许暂时能够获得足够的食物，但是，不久的将来，他们的路就会越走越窄。可以想象，随着时间的推移，那些"理性"的部落之间，势必产生相同的推测与判断，瞄准同一目标的部落越来越多，他们之间的竞争不断加剧，而他们每天的狩猎方向经过"科学分析"之后，变得日趋一致。而在原始的状态下，猎物不会迅速增多，最后，这些部落只好在同样的狩猎区域，你争我夺、你拦我抢，弄得鱼死网破，同"输"而归。显然在这场理性与非理性的较量中，非理性成了最后的胜者。

其实，现实生活中的企业界又何尝不是如此？某个领域的市场需求热了，十个、数十个甚至上百个企业因为对目标市场的共同期盼，纷纷杀将而来，结果呢？市场有效需求并没有因为他们的频频光顾而迅速放大，僧多粥少，就会有人挨饿，直至撤退和消亡。这样的例子不胜枚举，近几年来，市场上就相继上演了彩电业界、VCD业界、手机业界、PC业界、笔记本业界最为残酷的竞争……

而按照巫师作法，焚烧鹿骨狩猎的那个印第安人部落，虽然在战术上出现了很明显的错误，明显有些盲从和随意。但是，基于他们当时的条件，从更宏观的角度来判断，我们不难发现，他们的核心因素——竞争战略，却要优于竞争对手，因为他们在发现新市场或者说在创造新需求。这样一来，无形之中，他们就避开了与其他部落之间在战术层面的相互厮杀，从而赢得了生存空间。

人类社会已迈入21世纪，信息化战争正在以咄咄逼人之势扑面而来。不可回避的是，随着时间的推移，竞争将变得异常激烈，世界各国企业之间相互模仿的速度会骤然加快，这必将导致一场印第安人部落生存式的"狩猎游戏"。

把优势变成生存的资本

博弈的本质就是人与人之间采取合作还是非合作的方式，无论选择哪种方式，其目的只有一个——趋利避害。

现代社会讲究的是一切都要公平。但事实上，一切都公平吗？在市场经济条件的制约下，不同的商品，其价值相差悬殊，其价值与使用价值也存在着不一致，而这不一致必然是通过"等价交换"的规律来实现不等价的交换，或者说形式上的等价交换只是实质上的不等价交换。在出现这种矛盾而特殊的不等价交换规律中，弱者的选择是：要么在这种局势下想尽办法让自己的损失降到最小，要么就此灭亡。当然，出于人的本能，其博弈的结果，往往是前者，那么，从中我们可以看出，是合作还是"背叛"，其选择不是固定的，不过尽可能减少损失，让自己得利，则是不变的处世原则。

前不久曾有一篇题为"头只有灯泡大小的残疾人竟被当猿人进行商演"的文章。文中讲道："大丰镇一俱乐部大门正中挂着'世纪怪星西部大型巡回演唱会'的广告。其上说该团'重金特邀 21 世纪独一无二的原始猿人，身高仅 1.1 米……'此人的头确实小得出奇，和幼儿的头差不多大。演员们称他为'小头'。""四川华西医院的专家称，从'小头'的身体状况来看，说明他患有侏儒症，头部偏小可能是患有头部畸形或脑组织发育不全造成的。"在很多人看来，让这个残疾小矮人以这样的方式演出，实在有失人道，于是人们大呼仁爱主义、人道主义，大力谴责商家的残忍。

其实，在这个事例中，很多人并没有从生存的角度为这位侏儒症患者考虑！以他这样的身体状况，拿什么养活自己？在这个事例中，如果我们用博弈论来分析，这个侏儒者面临的选择有以下几种：选择种田，他没有体力；选择行商，却没人理解他；选择打工，现在健康的无业青年都找不到工作，何况他！选择靠父母肯定是不行的，他只能选择发挥自己的优势，俗话说，物以稀为贵，把自己当商品来卖。所以，在这场生存与世俗的博弈中，他只有选择发挥自己的优势，才有生存的机会。

其实，从博弈论来说，无论古代还是现代，矛盾都是存在着的，面对现实，弱者的选择是尽量减少自己的损失，作出最有利于自己的选择。

在三国鼎立的局面结束之后，西晋司马氏统一了中国。可是两晋的政权并不稳固，在经过连年的战乱后，地方割据力量的残余势力依然存在，

司马氏皇室子弟之间的权力斗争也十分激烈，其中颇有势力的是东海王司马越。几十年后，司马越终于联合其他藩王，发动了内战，以争夺皇帝的宝座，史称"八王之乱"。可是，因为藩王们的内讧和北方的匈奴和羯胡的趁机侵略，中国北方陷入了战争的浩劫之中。

最终北方被匈奴和羯胡占据，司马越也战死了。

当时，西晋司马氏的皇族在战争中死伤过半，幸存的皇族纷纷准备渡过长江逃避战乱。其中，琅琊王司马睿势单力薄，在渡江之前只想着如何避难自保，并没有考虑渡江之后的计划。可是他作为皇族的幸存者，对社会还是具有一定的政治号召力，于是，王氏家族的精英人物——王导和王敦便准备扶持他做渡江之后的皇帝。王氏家族在当时晋朝的影响力是不容忽视的。

王氏兄弟见国家危难，本想在政治上有所作为，但是苦于自己既不是司马氏皇族，又不是手握重兵的大将，所以有心无力。这次见到了落难的皇族司马睿，王氏弟兄便想借助他的皇族身份，复兴大业。

王氏兄弟和司马睿接洽之后，说出了他们想要辅佐司马睿做皇帝并恢复西晋基业的想法。司马睿自然是大喜过望，甚至有点感动，与王氏兄弟一拍即合，开始了司马氏和王氏的亲密合作。

渡江之后，王氏兄弟马上按照承诺提高司马睿的声势。三月初二这一天，按照当地的风俗，百姓和官员都要到江边去祈福消灾。这一天，王导让司马睿坐上华丽的轿子到江边去，前面有仪仗队鸣锣开道，王导、王敦和从北方来的大官、名士，一个个骑着高头大马跟在后面，排成一支十分威武的队伍。这一天马司睿的声望大涨。

人们从门缝里偷偷张望，他们一看王导、王敦这些有声望的人对司马睿这样尊敬，大吃一惊，怕自己怠慢了司马睿，一个接一个地出来排在路旁，拜见司马睿。

这样一来，司马睿在江南士族地主中的威望提高了。王导接着就劝司马睿说："顾荣、贺循是这一带的名士。只要把这两人拉过来，就不怕别人不跟着我们走。"司马睿派王导上门请顾荣、贺循出来做官，两个人都高兴地来拜见司马睿。司马睿殷勤地接见了他们，封他们做官。从此，江南大族纷纷拥护司马睿，司马睿在建康就站稳了脚跟。

北方发生大乱以后，北方的士族、地主纷纷逃到江南来避难。王导又给司马睿出谋划策劝说他多吸纳优秀人才。

经过这样的一番经营，王氏兄弟最终联合各大家族，推举琅琊王司马睿做皇帝，即为晋元帝，从此建立了偏安东南百余年的东晋王朝。晋元帝登基的那天，还发生了一个戏剧性的故事。王导和文武官员都进宫来朝见，晋元帝见到王导，从御座上站了起来，把王导拉住，要他一起坐在御座上接受百官朝拜。这个意外的举动，使王导大为吃惊。因为在封建社会，这是绝对不允许的。王导忙不迭地推辞，他说："这怎么行？如果太阳跟普通的生物在一起，生物还怎么能得到阳光的照耀呢？"王导的这一番吹捧，使晋元帝十分高兴，晋元帝也不再勉强。王氏家族从此便更受重用。

从此，虽然是东晋皇帝司马氏做名义上的天子，但是掌握实权的是拥立他的王氏兄弟，司马睿对王氏兄弟极为尊敬，甚至上朝时宰相王导没有入座自己都不敢坐在龙椅上。

历史上把司马睿与王氏兄弟的这一对政治组合称为"王与马，共天下"，也就是司马氏和王氏共同主宰朝政的意思。但是人们只看到司马睿对王家兄弟的尊敬和畏惧，却并没有看出这种情况出现的原因——王家兄弟拥有政治上的实力和社会上的地位，司马睿虽然是皇帝，但各个方面都无法与王家相比。王家与司马睿之间虽然名为君臣，但实际上司马睿处于明显的劣势，是这场博弈的弱者，如果司马睿对王家兄弟稍有不敬，则可能被推翻，从而皇位不保。所以在博弈中，双方都需要借助对方，利用自己的优势换取更好的生存条件。

欲望博弈中的选择

我们在生活中，在与贪婪博弈的时候，选择的策略就应是无欲则刚。

我们经常说：欲望是无底深渊。是的，究其一生，我们都在和自己的欲望进行博弈。权钱交易的根源也是人类自身的贪婪，正是因为贪婪，很多本应有大好前途的人葬送自己的一生。我们要和自己的贪婪作斗争，因为战胜了自己，也就战胜了一切。人类最大的敌人就是自己的贪婪，不管你是做生意还是做官，总是得陇望蜀，得到的东西总是不珍惜，而得不到的却总是念念不忘。

一个乞丐在大街上垂头丧气地往前走着。他衣衫褴褛、面黄肌瘦，看起来很久没有吃过一顿饱饭了。他不停地抱怨："为什么上帝就不照顾我呢？为什么唯独我就这么穷呢？"

上帝听到了他的抱怨，出现在他面前，怜惜地问乞丐："那你告诉我吧，你最想得到什么？"乞丐看到上帝真的现身了，喜出望外，张口就说："我要金子！"上帝说："好吧，脱下你的衣来接吧！不过要注意，只有被衣服包住的才是金子，如果掉在地上，就会变为垃圾，所以不能装得太多。"乞丐听后连连点头，迫不及待地脱下了衣服。

不一会儿，金子从天而降。乞丐忙不迭地用他的破衣服去接金子，上帝告诫乞丐："金子太多会撑破你的衣服。"乞丐不听劝告，仍兴奋地大喊："没关系，再来点，再来点。"正喊着，只听"哗啦"一声，他那破旧的衣服裂开了一条大口子，所有的金子在落地的一瞬间变成了破砖头、碎瓦片和小石块。

上帝叹了口气消失了。乞丐又变得一无所有，只好披上那件比先前更

破、更烂的衣服，继续着他的乞讨生涯。

所谓无欲乃刚，在生活中有些人就像那个贪婪的乞丐，抵不住"贪"字，灵智为之蒙蔽，刚正之气由此消除。

在商品社会，许多人经不住贪私之诱，以身试法，大半生清白可鉴，却晚节不保，而贪得无厌的结果便是一无所有。要避免这一点却是非常困难的，因为人毕竟是有私心的动物。

一股细细的山泉，沿着窄窄的石缝，"叮咚叮咚"地往下流淌，多年后，在岩石上冲出了三个小坑，而且还被泉水带来的金沙填满了。

有一天，一位砍柴的老汉来喝山泉水，偶然发现了清冽泉水中闪闪的金沙。惊喜之下，他小心翼翼地捧走了金沙。

从此老汉不再受苦受穷，不再翻山越岭砍柴。过个十天半月的，他就来取一次沙，没过多久，日子富裕起来。

人们很奇怪，不知老汉从哪里发了财。

老汉的儿子跟踪窥视，发现了秘密。他认真看了看窄窄的石缝，细细的山泉，还有浅浅的小坑，埋怨爹不该将这事瞒着，不然早发大财了。儿子向爹建议，拓宽石缝，扩大山泉，不是能冲来更多的金沙吗？

爹想了想，自己真是聪明一世，糊涂一时，怎么就没有想到这一点？

说干就干，父子俩便把窄窄的石缝拓宽了，山泉比原来大了好几倍，又凿大凿深石坑。

父子俩累得半死，却异常高兴。

父子俩天天跑来看，却天天失望而归，金沙不但没有增多，反而从此消失得无影无踪，父子俩百思不得其解。

因为贪婪，父子俩连原来的小金坑都没有了，因为水流大，金沙就不会沉下来了。我们在生活中，在与贪婪博弈的时候，选择的策略就应是无欲则刚。处处克制自己的贪婪，不管外在的诱惑有多么大，仍岿然不动，即使错过时机也不后悔，因为我们对事物的信息掌握得很少，在不了解信息的情况下，我们尽量不要想获得。就像金沙一样，虽然表面看来是因为水流冲下来的，但这是一条假信息，迷惑了这对父子。在不确定一个事物的情况下，只靠想当然和表面现象是不行的。世间的信息瞬息万变，我们又如何全面掌握呢？我们只能防止贪欲给自己带来危险，不妄求，不妄取。

人际交往中的心理博弈

俗话说："知人知面难知心，画龙画虎难画骨。"人心叵测，每个人的心理都是很难揣测的，尤其是在关系复杂的社会网中，每个人都有自己的为人处世的方法，都有他自己的心理表征。面对每一件事，都要经过一番心理斗争，而社会的种种现象正是发生矛盾的双方心理博弈的结果。

在人际交往的心理博弈中我们该如何选择呢？我们先看下面这个有趣的博弈游戏。

假设每一个学生都拥有一家属于自己的企业，现在企业陷入困境，他们只有在下面两个方案中任选其一以维持企业生存。方案 A：生产高质量的商品来帮助维持现在较高的价格；方案 B：生产伪劣商品以通过别人的所失来换取自己的所得。每个学生将根据自己的意愿进行选择，选择的学生，将把自己的收入分给每个学生。

事实上，这是一个事先设计好的博弈，目的是确保每个选择 B 的学生总比选择 A 的学生多得 50 美分，这个设定当然是有现实意义的，因为生产伪劣商品成本比生产高质量商品的成本低。不过，选择 B 的人越多，他们的总收益也就会越少，因为这个假设也是有道理的：伪劣商品过多，会造成市场的混乱，他们的企业也就会跟着受到影响，信誉跟着降低。

现在，假设全班 27 名学生都打算选择 A，那么他们各自得到的将是 1.08 美元。假设有一个人打算偷偷地改变决定——选择 B，那么，选择 A

的学生就少了一名变为 26 名，将各得 1.04 美元，比原来的少了 4 美分，但那个改变自己主意的学生就会得到 1.54 美元，而比原来要多出 46 美分。

诚然，不管最初选择 A 的学生人数有多少，结果都是一样的，很显然，选择 B 是一个优势策略。每个改选 B 的学生都将会多得 46 美分，而同时会使除自己以外的同学分别少得 4 美分，结果全班的收入会少 58 美分。等到全班学生一致选择 B 时，即尽可能使自己的收益达到最大时，他们将各得 50 美分。反过来讲，如果他们联合起来，协同进行行动，不惜将个人的收益减至最小化，那么，他们将各得 1.08 美元。

但博弈的结果却十分糟糕，在演练这个博弈的过程中，由起初不允许集体讨论，到后来允许讨论，以便达成"合谋"，但在这个过程中愿意合作而选择 A 的学生从 3 人到 14 人不等。在最后的一次带有协议的博弈里，选择 A 的学生人数为 4 人，全体学生的总收益是 15.82 美元，比全班学生成功合作可以得到的收益少了 13.34 美元。一个学生嘟囔道："我这辈子再也不会相信任何人了。"

而事实上，在这个博弈游戏里，无论如何选择，都不会有最优的情况出现，类似于囚徒困境，即使达成合谋，由于人的心理太过复杂，结果也不是预期的样子。所以，在这样复杂的心理博弈中，我们不能苛求要获得一个最好的结果，因为人心各异，最好结果根本就不存在。那在人际交往中遇到类似于上述游戏的博弈情况时该如何选择呢？保证一点—不要太贪婪，只要有利益就可以，不要妄求有太多的利益或要获得比别人更多的利益。

处世能方，更要会圆

有一句话说得很好：能伸先要能屈，能飞还要能伏，能方妙在能圆，能直妙在能曲。事情都不是一面的，要解决好一件事情并不是说只有一种方法，你看跳远的运动员想要跳得更远都要先弯曲自己。

在处世的博弈中，能方，更要能圆。方是教你要坚守自己的正确原则，而圆是教你在处世的方式上要学会灵活的方法。

只方不圆，是一个方方正正、原地踏步的物体了。没有灵活性的人是办不好事情的，太死板的方式谁都不喜欢。

只圆不方，是一个八面玲珑、滚来滚去的球，那就失方只有圆滑了。方，是人格的自立，自我价值的体现，是对人类文明的孜孜以求，是对美好理想的坚定追求。

中国古代的钱币是一种外圆内方的形状，这就像人一样，能够把圆和方的智慧结合起来，做到该方就方，该圆就圆，方到什么程度，圆到什么程度，都恰到好处，左右逢源。

其实方圆的例子很多的，我国古人讲究中庸之道，这就是一个很好的例子。而著名的大禹治水的故事，也是一个绝好的示范，很值得我们去学习。

黄河，一直都被认为是中华民族的摇篮，它哺育了伟大的中华民族，但同时也给祖国的大地带来过很大的灾难。在我国远古时代，相传四五千年前，发生了一次特大洪水灾害。为了解除水患，部落联盟会议推举了鲧去治水，鲧采用的方法是筑堤防水，可是今天刚筑好的堤坝，明天就被大水冲垮了。鲧治水九年劳民伤财，对洪水束手无策，耽误了大事，被处死在羽山。

舜利用鲧的儿子禹来治水，禹在治水过程中，善于思考，善于总结前人的经验，善于作退步思考，不钻进一条死胡同里。他凭着自身的智慧和顽强的斗争精神，经过十几年的艰苦斗争，利用疏导的办法，开凿了许多条河流渠道，终于把洪水引入大河，由大河流入大海，最终取得"治黄"的成功。其实，疏导对于筑堤来说是一种后退，面对汹涌而来的河水，我们不后退怎么能行呢？后退并非意味着河水的强大，而是为了寻找更好的时机和手段来控制它、牵引它、疏导它，使它按渠道流入大海。

大禹在这一场与自然的博弈中，没有采用以往的方法，而是采取了以退为进的新方法，结果当然就不一样了。他的父亲固守成规，虽然也是一心想要治理好水灾，而结果只落得一个被杀头的下场，这就是只会方而不知圆的后果了。

大禹对中国的生灵真的是功不可没，他的方圆结合也让自己成为了功臣，也避免了像自己的父亲那样，保全自己又救了万民。

其实这就是能屈能伸的大丈夫行为，以一种圆滑的、退让的方式来解决并不是说明你的懦弱，正好相反，这就是智慧的象征。古人形容大丈夫就说能屈能伸为大丈夫也，可见大丈夫行事，理应是有进有退。退的目的是什么呢？是为了更好地进攻。

例如，我们总能见到一些人，身处低下，但是品德高尚，志向高远，不畏一切，对待社会的腐败等现象很是看不惯，对这些人更是疾恶如仇；他们敢于伸张正义，直言不讳地指出领导的小算盘，在公共场合直接不给这些人面子。当然，我们要说这些人的品德是高尚的，他们的行为是值得我们去佩服的，他们的精神我们永远都是要学习的，但是我们要注意到一个现象，那就是为什么那些被揭露的官员们似乎没有打算要改掉自己的行为，而这些正直的人却遭到不公平的待遇，再也没有发言的机会？

那些贪污受贿的官员就因此廉洁了吗？答案是否定的！

那么这种行为除了在精神上给予我们鼓舞之外，还有什么实际作用吗？还是没有。

一个人如果有很大的责任心，那他不仅仅是为了生存，他还要扬善惩恶，还要去战斗，不仅仅是奉献而已；可是如果因此受到压制，一生碌碌无为，我们能不能说，他达到了自己的人生目的？

这些勇者的失败必然有其原因。

尽管很多人都具备才智，但最终却落得两手空空，时光空度。这是因为什么呢？就在于对"方圆处世"这个处世的大原则没有了解或了解得不深。对这样的人来说，博弈游戏的基本原则他们是没有掌握好的，在博弈游戏中，他们不小心就成为弱者，被别人打压下去了，还谈什么壮志呢？

对于生活中的小事而言，方圆更是必不可少的原则，好话人人都爱听，缓和的方式人人都能接受。虽然良药苦口，忠言逆耳，但是如果你有足够的智慧去采用顺耳的忠言，那岂不是妙哉？

现在孩子的教育问题越来越被大家所重视，但是很多人的教育并不好，不但教育不好孩子，反而让孩子的逆反心理更大了。坚持让孩子走上正道是每个家长内心的"方"，这是必须要坚持的，但是方式上一定要学会"圆"，才能百战百胜。我们来看看下面这个故事里面的家长是怎么教育孩子的。

有段时间，一名家长很是忧心忡忡，因为他的孩子最近数学成绩滑坡太厉害，气得他一连好几顿都吃不好饭，不知道该怎么办。孩子是骂也骂了，训也训了，谈心也谈过了，还是没有什么用。后来他向一名教育专家讨教这个问题。

专家问他是何种原因导致这种局面。他说也并非孩子不刻苦用功，老师的作业每天使孩子累得连自己心爱的足球赛也无法看，体育锻炼的时间更不用说了。可这孩子对戏剧艺术挺感兴趣，无论什么时候一谈起京剧便能脱口而唱出，而且其嗓音也是极其出色的。但孩子的父亲认为，在目前社会学京剧是没有出息的。于是对这孩子的兴趣横加指责而不去鼓励他自由发展。听他这么一说，专家颇感兴趣。好一个急于事功，只求成而不愿败的父亲！

后来，专家建议他必须妥善处理，不能强逼孩子去干自己不愿干的事，也不能强逼他放弃自己的兴趣和业余爱好，唯一可行的办法就是退一步海阔天空，让孩子在广阔的天地里找到自己的影子、欢乐、痛苦、失败，当然，最终他肯定会找到自己的成功！

果不出所料，过了几周，这个家长跑来告诉专家说他孩子参加了业余京剧班，进步很快。同时，学习也得心应手，心理压力被去掉了，似乎前边的路很宽，也很轻松。

看，简单的事情也是这样，不要死守着不变的方式，古代的教育方式是"棍棒之下出孝子"，即使在古代也还是有一些不孝的孩子。而这个家长在和孩子不听话的博弈之中，采取了灵活的方式，不但让孩子得到了自己想要的东西，也让自己心中的"方"得到了解决。这也符合我们说的博弈均衡原理，这才是真正的赢家。

在多变的社会里，真正的危险不在于生活经验的缺乏，而在于认识不到变化，或不能把握变化的规律。生活在这样一个变化多端的社会，需要人们具有最灵活、最敏捷的应变能力，审时度势，纵观全局，于千头万绪之中找出关键所在，权衡利弊，及时作出可行、有效的决断。

方圆处世，并非是让你圆滑处世，当老好人，也不是让你营私舞弊、贪污贿赂，更不是让你结党营私、投机取巧。方圆之道，是人生智慧的凝结。方圆之道的最大特点，就是平和地应对一切，达到博弈游戏的高境界，取得各种胜利于无形之中。

博弈制胜

第十章

职场博弈——职场要遵守的黄金法则

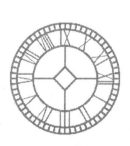

　　应对职场问题，我们不仅需要和领导、客户、同事博弈，更需要和自己博弈。当然，职场博弈的结果永远只有一个：不是自己淘汰自己，就是被别人淘汰，这就是职场"进化论"，只有拥有了成熟心智的人，才能在任何时候，都立于职场的不败之地。

"智猪博弈"的职场启示

"智猪博弈"这一经典案例早已扩展到生活中的各个方面。在当今的职场中，经常会有类似情况发生。在办公室里的人际冲突中，有一些人会成为不劳而获的"小猪"，而另一些人充当了费力不讨好的"大猪"。

所谓"智猪博弈"说的是，有两头非常聪明的猪（要不怎么叫智猪），一只比较大，一只比较小。生活在一个笼子里。笼子很长，笼子的尽头有一个按钮，另一头是饲料的出口和食槽。按一下按钮，将出现相当于 10 个单位的猪食进槽，但是按下按钮以后跑到食槽所需要付出的"劳动"量，加起来要消耗相当于 2 个单位的猪食。问题是按钮和食槽分置笼子的两端，按下按钮的猪付出劳动跑到食槽的时候，坐享其成的另一头猪早已吃了不少。如果大猪先到，大猪吃掉 9 个单位，小猪只能吃到 1 个单位；如果同时到达，大猪吃掉 7 个单位，小猪吃到 3 个单位；如果小猪先到，小猪可以吃到 4 个单位，而大猪吃到 6 个单位。

智猪博弈的具体情况就如下面所言：如果两只猪同时按下按钮，同时跑向食槽，大猪吃进 7 个单位，付出 2 个单位，得益 5 个单位，小猪吃进 3 个单位，付出 2 个单位，实得 1 个单位；如果大猪按按钮，小猪先吃，大猪吃进 6 个单位，付出 2 个单位，得益 4 个单位，小猪吃进 4 个单位，实得 4 个单位；如果大猪等待，小猪按下按钮，大猪先吃，吃进 9 个单位，得益 9 个单位，小猪吃进 1 个单位，但是付出了 2 个单位，实得 −1 个单位；如果双方都懒得动，所得都是 0。

现在我们知道"等待"是小猪的优势策略，"按下按钮"是小猪的劣势策略。先把小猪的劣势策略消去，"等待"就变成了大猪的劣势策略

（注意，是现在才变成劣势策略）。把它也删去，就得到智猪博弈的结局：小猪只是坐享其成地等待，每次都是大猪去按下按钮，小猪先吃，大猪再赶来吃。这种行为我们可以称之为"搭便车"。

而办公室里经常会出现这样的场景：有人做"小猪"，舒舒服服地躲起来偷懒；有人做"大猪"，疲于奔命，吃力不讨好。但不管怎么样，"小猪"笃定一件事：大家是一个团队，就是有责罚，也是落在团队身上，所以总会有"大猪"悲壮地跳出来完成任务。

张力可以说是智猪博弈中的"大猪"。每当张力下班回家后，做的第一件事就是打电话，他每次打电话都是向周围的好朋友大吐苦水："我要疯掉了！把所有的工作让我一个人来做，难道把我当成机器人了？"

张力在一家公司的核心部门工作，每天都是这项工作还没做完，就有另外几项工作等着他去做，整天没有一个喘气的机会。虽然公司规模很小，但是作为公司的一个重要部门，却只有三个人。而且这三个人还分了三个等级：部门经理、经理助理、普通干事。很不幸，而张力正好是那个经理助理，处于中间的一个级别。

张力总是抱怨说："经理的任务就是发号施令，他是'管理层'嘛！上面交给他的工作，他一句话就打发掉了：'张力，把这件事办一办！'可是我接到活之后，却不能对下属阿冰也潇洒地来一句：'你去办一办！'一来，阿冰比我年长，又是经理的'老兵'；二来，他学历低，能力有限，怎么放心把事情交给他？"张力只能无奈地叹息，然后把自己当三个人用，加班加点完成上级的任务。

更让他想不到的是，由于事事都是他出面，其他部门的同事渐渐认准了：只要找发展部办事，就找张力！甚至老总都不再向经理派任务了，往往直接就把文件扔到张力的桌子上。张力的办公桌上的文件越堆越高自不必说，而且，连阿冰都敢给他派活了。这天，阿冰把一沓发票放在他面前说："你帮我去财务报一下。"张力顿时被噎得说不出话来，过了半晌方问："你自己为什么不去？"阿冰嗫嚅了一下答："我和财务不熟，你去比较好！"尽管心中怒火万丈，但碍于同事情面，张力最终还是走了这一趟。

因此，就形成这样的局面：一上班，张力就像陀螺一样转个不停；经理则躲在自己的办公室里打电话，美其名曰"联系客户"；而阿冰呢？玩纸牌游戏，顺便上网跟老婆谈情说爱，好不逍遥。到了年终，由于部门业绩出色，上级奖励了四万元，经理独得二万元，张力和阿冰各得一万元。想想自己辛劳整年，却和不劳而获的人所得一样，张力禁不住满心不平，但是自己又能怎么做呢？如果他也不做事了，不仅连这一万元也得不到，说不定还会下岗，想来想去，还是继续当"大猪"吧！

刘力在一家国企工作，他是个"聪明"人，他是这样为自己下的断语。"从大学开始，我就不是最引人注目的学生。在学生会里，我从不出风头，只是帮最能干的同学做些辅助性的工作。如果工作搞得好，受表扬少不了我；但是工作搞砸了，对不起，跟我一点关系也没有。"

刘力已经工作三年了，照样奉行着这样的处世哲学。"我就纳闷，怎么会有那么多人下了班嚷嚷着自己累？要是又累又没有加薪、升职，那只能说明自己笨！我从小职员当上经理，一直轻轻松松的，反正硬骨头自有人啃。"

有一个朋友问他："你这样，同事不会有意见吗？"

刘力眨眨眼睛，一脸神秘地说："这就是秘诀了！你怎么能保证总有人肯拉你一把？第一，平时要善于感情投资，跟同事搞好关系，让他们觉得跟你是哥们儿，关键时刻出于义气帮助你；第二，立场要坚定，坚决不做事，什么事都让别人做。有些人就是爱表现，那就给他们表现的机会，反正出了事，先死的是他们。万一碰上也不爱表现的人，对我看不惯，我会告诉他，我不是不想做，我是做不来呀！你想开掉我？对不起，我的朋友多，他们都会为我说话。"

在职场中，刘力就是那种所谓的"小猪"，做什么事喜欢投机取巧，但这也并不是一种长远的办法。

做"大猪"，还是"小猪"？

看来看去，做"大猪"固然辛苦，但"小猪"也并不轻松啊！虽然工作可以偷懒，但私下里，要花费更多的精力去编织、维护关系网，否则在

公司的地位便会岌岌可危。张力为什么忍气吞声？不就是因为阿冰是经理的老部下嘛。刘力又为什么有恃无恐？无非是有人为他撑腰。难怪说做"小猪"的都是聪明人，不聪明怎么能左右逢源？

的确，"大猪"加班，"小猪"拿加班费，这种情况在企业里比比皆是。因为我们什么都缺，就是不缺人，所以每次不论多大的事情，加班的人总是越多越好。本来一个人就可以做完的事，总是会安排两个甚至更多的人做。"3个和尚"的现象这时就出现了。如果大家都耗在那里，谁也不动，结果是工作完不成，挨老板骂。这些常年在一起工作多年的战友们，对对方的行事规则都了如指掌。"大猪"知道"小猪"一直是过着不劳而获的生活，而"小猪"也知道"大猪"总是碍于面子或责任心使然，不会坐而待之。因此，其结果就是总会有一些"大猪"们过意不去，主动去完成任务。而"小猪"们则在一边逍遥自在，反正任务完成后，奖金一样拿。

但这种聪明并不值得提倡。工作说到底还是凭本事、靠实力的，靠人缘、关系也许能风光一时，但也是脆弱的，经不住推敲的。"小猪"什么力都不出反而被提升了，看似混得很好，其实心里也会发虚：万一哪天露了馅……如果从事的不是团队合作性质的工作，而是侧重独立工作的职业，那又该怎么办？还能心安理得地当"小猪"吗？

在职场中，"大猪"付出了很多，却没有得到应有回报；做"小猪"虽然可以投机取巧，但这并不是一种长远的计策。因此，身在竞争激烈的职场中，一个最理想的做法就是，既要做"大猪"，也要会做"小猪"。

职场里成功的秘诀

同是闯荡江湖，有的人波澜不惊，有的人却风生水起，这是因为有的人不谙水性，而有的人却精于此道。

在职场闯荡，有的人忙忙碌碌、举步维艰，有的人却如履青云、直上九天。这是为什么？其实，职场如江湖，怎样在江湖中修炼内功使自己成为一个武林高手，对于你经营好自己的事业是至关重要的。

李开复从微软跳槽到 Google，引起了一次人事地震，导致微软起诉 Google。虽说官司最终和解，但两家世界上有名的公司为了一个员工打官司，毕竟很少见。

李开复给人的印象是儒雅、坦诚和智慧，中国的大学生们非常崇拜他。李开复曾说过微软是他最后一个东家，他在微软五年，跳槽走的时候，又解释说是要"追随我心"。

从经历看，李开复从小就很有个性，或者说是叛逆，幼儿园没上完，就要上小学，家长不同意，他就天天闹，最后还是让他上了学。20 世纪 70 年代，李开复在美国读法律，毕业以后很可能成为大律师，在美国做律师都是很有钱的，社会地位也高，可是他中途放弃，说要学新鲜的，于是，学了计算机。那时计算机行业远没有现在这么火，可他还是"冒险"学了计算机。

在李开复的职业生涯里，都是在一个地方干三五年，就跳槽到别处。虽然李开复经常会"追随我心"，有个性，但并不"个涩"。李开复性格比较腼腆，但他非常清楚，在企业里面，得到关键人物的支持是最重要的，所以，他就用了一个特别简单的办法——请人吃饭，向人请教。在公司里

面，大家吃午饭都很随便，李开复就专门去请本部门、其他部门的重要人物共进午餐，今天请这个吃，明天请那个吃，还总向人家请教。这样，几个月的时间，李开复就成为公司里面所有关键人物都很喜欢的人。

Google 请李开复，其实主要看中他对青年大学生们的魅力。因为 Google 是靠计算机技术立足的公司，中国学生又是世界上公认的计算机天才最多的国家，请到李开复，就可以利用他的影响和魅力招聘到最棒的人才。事实上，李开复到 Google 上任之后，首先做的事就是招聘大学生。

追随我心，但前提是得到雇主（老板）的认可和支持。这才是李开复成功的关键。

不进则退的职场博弈

在竞争激烈的职场中，不进则退是一个亘古不变的道理。

有关部门研究发现，有70%以上的职业人随着职业经验的积累，反而会出现职业方向迷失的状况。而他们的职业困惑主要是他们对自己的优劣势仅有初步的感性认识，对自己的职业定位缺乏科学地分析，更谈不上理性把握职业生涯的发展规律。

毕业于某大学英语专业的罗强，在国内某高校涉外部门工作，他希望能在教育交流领域闯出一番自己的事业。因此，在正常的工作以外，罗强在业余时间又自学了市场营销和电子商务等课程，并主动承担起部门网站的组建和国际交流活动策划等工作，成功组织了各项活动，网站质量也受到上司的好评。几年后，因为部门管理的混乱，而且他自己也感觉如此干下去毫无前途可言，于是跳到一家国际教育发展投资公司做市场调研员，开始时每天都要跑业务。罗强只用了一年多的时间就成为公司的业绩标兵，升职做了主管。后来罗强被安排到市场部，担任市场部经理助理，在这个阶段，他开始全面接触市场工作，工作激情和绩效非常高。在助理的位子上，罗强充分发挥出自己的特长，特别在市场策划方面显示出了过人的能力。

就这样日复一日，年复一年，转眼间三年就过去了，下一阶段的发展问题摆在了罗强的面前：他感觉自己对目前从事的媒体、公关和广告管理三大部分都很感兴趣，可是不知道以后应该朝哪个方向持续发展，而且哪个方向他都感觉自己不具有足够的竞争力。一些朋友劝他知足常乐，他不甘心，也有一些朋友劝他踏实工作，不要老想"跳槽"，他有些犹豫。这次，他真的感到自己迷失了未来发展的方向。

或许钓过螃蟹的人知道，篓子中放了一群螃蟹，不必盖上盖子，螃蟹是爬不出去的。其实，这正是运用了博弈理论。为什么呢？因为只要有一只想往上爬，其他螃蟹便会纷纷攀附在它的身上，结果是把它拉下来。到了最后，就没有一只螃蟹可以爬得出去了。

罗强所处的环境就有一些这样的人，他们不喜欢看到别人的成就与杰出表现，更怕别人超越自己，因而天天想尽办法破坏与打压他人。如果一个组织受这样的人影响，久而久之，公司里就只剩下一群互相牵制、毫无生产力的"螃蟹"。

职场中，罗强吸取了螃蟹的教训，以不懈的努力和敢于面对困难的毅力，不听朋友劝告，固执己见，找到了合适自己的工作，可谓是他奋斗的结晶。但是人在职场，安于现状，不进则退。罗强过去的成功和现在面临的职业选择，值得每个人去深思。

在市场经济体制下，组织发展和变革的顺利进行离不开一个强有力的组织文化环境。作为在这个环境下成长的职场人员，应理性选择职业，做到高瞻远瞩，善于将自己的理想与组织目标保持一致，不要甘心当篓子里的螃蟹，而应勇敢地面对现实，追求职业增值，像老鹰一样去搏击长空。这就像博弈一样，需要不间断地博弈才会成为最后的胜利者。

虽然竞争无处不在，会给人带来压力，不过也正因为这样，人类才拥有更多的成就与辉煌。玫瑰与刺相遇，各自告别了俗艳与尖利，成就了傲视群芳的铿锵之花；乔丹与皮蓬相遇，各自告别了独角戏与狂傲腔，成就了历史上的神话公牛；你与我在职场中相遇，就应该告别猜忌与功名，成就双赢的和谐篇章，垒起更高的人生峰塔。那么应该如何做呢？

1. 尊重差异

尊重差异，指的是不挑剔、不嫌弃；人与人的相处，贵在包容；肯定自己的选择，接受自己和对方之间的差异。这些说起来简单，做起来不容易。

刘键毕业于一所名牌大学，几年的市场实战历练，使他羽翼渐丰。经朋友介绍，他从广州来到武汉，到某公司市场部就职。由于有扎实的专业知识，大公司里积累的工作经验，大方开朗的他深得领导青睐。一次，公司在内部广征市场拓展方案时，经理在分配任务时提醒：作为尝试，刘键与几名"后起之秀"，可以每人单独完成一份，也可以合作完成一份。

凭借着在大公司工作的经验，以及对市场行情的把握，刘键决定单挑。他花了整整一个星期时间，细斟慢酌，搞定了"大作"。报告上呈后，经理的评价出乎他的意料："缺少了本地化的东西，操作性不强。不过，你的宏观视野很开阔。"之后，经理把几名"后起之秀"叫到一起，让他们分别揣摩彼此的方案。在经理的"撮合"下，他们将各自方案中的亮点进行了提炼和重构，结果，新方案被老总评优，列为备选的最终方案之一。

事后，经理指出，他之所以给出提醒，就是想让这几名年轻人互相合作，取长补短。不料，他们竟然都选择了单兵作战。刘键总结这件"策划否决案"时，感慨地说："想要尽快成长，还是得注重协作和请教，否则，欲速则不达呀！"

2. 互补共赢

在动物世界，即使凶残的鳄鱼也有合作伙伴。公元前450年，古希腊历史学家希罗多德来到埃及。在奥博斯城的鳄鱼神庙，他发现大理石水池中的鳄鱼，在饱食后常张着大嘴，听凭一种灰色的小鸟在那里啄食剔牙。

这位历史学家非常惊讶，他在著作中写道："所有的鸟兽都避开凶残的鳄鱼，只有这种小鸟却能同鳄鱼友好相处，鳄鱼从不伤害这种小鸟，因为它需要小鸟的帮助。鳄鱼离水上岸后，张开大嘴，让这种小鸟飞到它的嘴里去吃水蛭等小动物，这使鳄鱼感到很舒服。"这种灰色的小鸟叫"燕千鸟"，又称"鳄鱼鸟"或"牙签鸟"，它在鳄鱼的"血盆大口"中寻觅水蛭、苍蝇和食物残屑；有时候，燕千鸟干脆在鳄鱼栖居地筑巢，好像在为鳄鱼站岗放哨，只要一有风吹草动，它们就会一哄而散，使鳄鱼猛醒过来，做好准备。正因为这样，鳄鱼和小鸟结下了深厚的友谊。

其实，在人类社会中，这种利他的范例也很多，改革开放后出现的"温州模式"其实就是合作共赢、互利共生的典范。因为你并非完美无缺，只有让你的合作者生活得更好，你才能更好地生活。仔细想一想，我们与老板的关系，与下属的关系，与同事的关系，与顾客的关系等，不也是一种互通有无、共同发展的关系吗？

3. 合作共赢

不论是在商场还是在职场，都存在激烈而残酷的竞争。与老板、客户、同事、下属、对手，都要调整竞争与合作的策略，要以利人利己的共赢思维做大市场，做大事业，而不是以"杀敌一千，自伤八百"赌气竞争的心态弄得你死我活、两败俱伤。

蒙牛总裁牛根生深知竞争与合作的道理。在早期蒙牛创业时，当有记者问："蒙牛的广告牌上有'创内蒙古乳业第二品牌'的字样，这当然是一种精心策划的广告艺术。那么请问，您认为蒙牛有超过伊利的那一天吗？如果有，是什么时候？如果没有，原因是什么？"

牛根生答道："没有。竞争只会促进发展。你发展，别人也发展，最后的结果往往是'双赢'，而不一定是'你死我活'。"

在牛根生的办公室，挂着一张"竞争队友"战略分布图。牛根生说："竞争伙伴不能称之为对手，应该称之为竞争队友。以伊利为例，我们不希望伊利有问题，因为草原乳业是一块牌子，蒙牛、伊利各占一半。虽然我们都有各自的品牌，但我们还有一个共有品牌'内蒙古草原牌'和'呼

和浩特市乳都牌'。伊利在上海 A 股表现好，我们在香港的红筹股也会表现好，反之亦然。蒙牛和伊利的目标是共同把草原乳业做大，因此蒙牛和伊利，是休戚相关的。"这就不难理解在伊利高管出事以后，牛根生和他的蒙牛为什么没有落井下石，反而说了很多好话。

不论在国内还是国外，一个地方因竞争而催生多个名牌的例子很多。德国是弹丸之地，比我国的内蒙古还小，但它产生了五个世界级的名牌汽车公司。有一年，一个记者问"奔驰"的老总："奔驰车为什么飞速进步、风靡世界？""奔驰"老总回答说："因为宝马将我们撵得太紧了。"记者转问"宝马"老总同一个问题，宝马老总回答说："因为奔驰跑得太快了。"美国百事可乐诞生以后，可口可乐的销售量不但没有下降，反而大幅度增长，这是由于竞争迫使它们共同走出美国、走向世界。

4. 懂得宽容

宽容和忍让是一种豁达的人生态度，是一个人有涵养的重要表现。没有必要和别人斤斤计较，没有必要和别人争强斗狠，给别人让一条路，就是给自己留一条路。

什么是宽容？法国 19 世纪的文学大师雨果曾说过这样一句话："世界上最宽阔的是海洋，比海洋宽阔的是天空，比天空更宽阔的是人的胸怀。"宽容是一种博大，它能包容人世间的喜怒哀乐；宽容是一种境界，它能使人生跃上新的台阶。在生活中学会宽容，你便能明白很多道理。

我们必须把自己的聪明才智用在有价值的事情上面。集中自己的智力，去进行有益的思考；集中自己的体力，去进行有益的工作。不要总是企图论证自己的优秀，别人的拙劣，自己的正确，别人的错误；不要事事、时时、处处总是唯我独尊，固执己见。在非原则的问题和无关大局的事情上，善于沟通和理解，善于体谅和包涵，善于妥协和让步，既有助于保持心境的安宁与平静，也有利于人际关系的和谐和团队环境的稳定。

5. 善于妥协

柳传志曾送给他的接班人杨元庆一句话："要学会妥协。"现代竞争思维认为，"善于妥协"不是一味地忍让和无原则地妥协，而是意味着对对方利益的尊重，意味着将对方的利益看得和自身利益同样重要。在个人权利日趋平等的现代生活中，人与人之间的尊重是相互的。只有尊重他人，才能获得他人的尊重。因此，善于妥协就会赢得比别人更多的尊重，成为生活中的智者和强者。

因为不懂得妥协，才导致职场和市场中的残酷竞争、两败俱伤。社会是在竞争中发展进步的，也是在妥协中和谐共赢的。我们甚至可以这样说，妥协至少与竞争一样符合生活的本质。人与人妥协，彼此的日子就都有了节日的味道。

学会妥协，收获友谊，维护尊严，获得尊重。当你同别人发生矛盾并相持不下时，你就应该学会妥协。这并不表示你失去了应有的尊严，相反，你在化解矛盾的同时又在别人心中埋下了宽容与大度的种子，别人不仅会欣然接受，而且还会在心中对你产生敬佩与尊重之情。让别人过得好，自己也能过得快乐。学会妥协，世界会因你而美丽！

6. 共赢思维

美国心理学家托马斯·哈里斯在《我好，你也好》一书中，按照人格的发展，将团队中各自然人之间的关系分为四种类型：我不好，你好；我不好，你也不好；我好，你不好；我好，你也好。可见，第四种关系类型：我好，你也好，是人际关系最理想的态势。但此种局面的形成要求各方必须具备成熟的人格和共赢思维。

但是，在现实生活中，我们普遍存在的是赢/输思维或单赢思维。谋求赢/输思维的人只顾及自己的利益，只想自己赢别人输，把成功建立在别人的失败上，比较、竞争、地位及权力主导他们的一切。而单赢思维的人则只想得到他们所要的，虽然他们不一定要对方输，但他们只是一心求胜，不顾他人利益，他们的自觉性及对别人的敏感度很低，在互赖情境中只想独立。这种人以自我为中心，以我为先，从不关心对方是赢是输。

共赢的思维特质是竞争中的合作，是寻求双方共同的利益，即你好，我也好。养成共赢思维的习惯，需要我们从以下两个方面努力。

第一，确立共赢品格。

共赢品格的核心就是利人利己，即你好，我也好。首先要真诚正直，人若不能对自己诚实，就无法了解自己内心真正的需要，也无从得知如何才能利人利己。其次要对别人诚实，对人没有诚信，就谈不上利人，缺乏诚信作为基石，利人利己和共赢就变成了骗人的口号。

第二，具备成熟的胸襟。

我们通常说某个人成熟了，往往是指他办事老练、老到、可靠，这其实是不全面的。真正的成熟，就是勇气与体谅之心兼备而不偏废。有勇气表达自己的感情和信念，又能体谅他人的感受与想法；有勇气追求利润，也顾及他人的利益，这才是成熟的表现。勇气和体谅之心是双赢思维所不可或缺的因素，两者间的平衡是真正成熟的表现。

把握以上原则，身在职场，无论是谁在和你玩这场"游戏"，最终赢的都必定是你。

职场中的改善关系原则

人一生当中，除去家人，和同事间相处的时间是最多的。所以，怎样改善同事间的交际关系，怎样促进交际融洽、和谐，便成为我们不得不学的东西了。

自古以来，就有"祸从口出"的说法，同事之间，如果彼此信得过、合得来，就可以多谈一些，谈深一些，但也不能信口雌黄。如果是关系较疏远的同事，在交谈中你就要谨慎一些。因为同事间，确实存在着一些小人，一旦你口无遮拦地什么都说，就有可能被人利用而深受其害。所以，最好是"逢人只讲三分话，不可全抛一片心"。一定要记住，不要在人前随意议论他人的长短以及兜售自己的某些隐私或亮出自己的某些底线。这样，就不会因口无遮拦而吃亏上当。在职场中的多人博弈时必务要小心，因为随时会有不可预期的情况发生，但在职场多人博弈里，信息是至上的优势，可是太多时候信息却是不对称的。我们一方面先要伺机挖掘信息，另一方面要做到对上司的忠诚，通俗地说就是既要忠诚，还要做事有主见。

1. 忠诚原则

你可以能力有限，你可以处世不够圆滑，你可以有些诸如丢三落四的小毛病，但你绝对不可以不忠诚。忠诚是上司对员工的第一要求。不要试图搞小动作，你的上司能有今天的位置说明他绝非等闲之辈，你智商再高，手段再高明，在他的经验阅历面前你也不过是小儿科。

最低级的背弃忠诚的行为，往往从贪小便宜开始。任何一家正规、资深的公司，即使制度再严密，也会有漏洞。如果你是一个品行俱佳的人，切不可如此。趁人不备悄悄打个私人长途；或趁上司不注意时，悄悄塞上一张因私打的票，让其签字报销；上班时，明明迟到，卡上却填着因公外出；更有甚者，当客户来访时，给你悄悄带来一份礼物，以答谢你在业务往来中曾经给过他的帮助，而这一帮助，恰恰是以牺牲本公司的利益为代价的。细雨无声，倘若让这种"酸雨"淋了你的心，你就会慢慢地被腐蚀。老板都厌恶贪小便宜的人，他会认为这是品质问题，一旦他对你有了这种印象就会失去对你的信任。

上司一般都把下属当成自己的人，希望下属忠诚地跟着他，拥戴他，听他指挥。下属不与自己一条心，是上司最反感的事。忠诚、讲义气、重感情，经常用行动表示你信赖他、敬重他，便可得到上司的喜爱。

你可以通过多种方式表达对老板的忠诚，让上司感到你是他可靠的员工，但这种表示不是要你去拍马屁，而是让你将自己的坦诚展现给上司看。

商界有个经典例子，从反面说明了忠诚原则的重要。有家公司因其对手公司业务的红火而感到忧心，但想不出制伏对手的良策。终于，对策有了，他们想方设法寻找关系，接近对手公司的一名仓库主管，让其暗中出卖商业机密。这个主管在利益的驱使下，利令智昏，把自己公司的库存数量、货品结构、价格策略——泄露。几经交手，商界风向大变，原先生意红火的公司，节节败退，最后倒闭；另一家快要倒闭的公司，却起死回生，反败为胜。覆巢之下安有完卵？这名主管最后也落得身败名裂的下场。

这种隐性的不忠诚，可以说是办公室里的定时炸弹。一个有职业道德的人，心里有一条准则：绝不选择良心的堕落。

因此，你做事要站在上司的立场去考虑，对上司尤其是老板的指令与意见要由衷尊重，并全力以赴；对公司或团队要尽力维护并确保形象，有时更需要耐心接受上司或老板的冗长说教，甚至错误的指责。再者，逆境是考验一个人是否忠诚的最佳时机。所谓"疾风知劲草，板荡识忠臣"就是考验一个人在逆境中是否忠诚的最佳写照。当公司经营产生困境或内部高层倾轧、争权之际，你能坚守岗位全力为上司分忧解劳，丝毫无临危逃跑或落井下石的行为，在公司恢复正常运营时，公司必会对你的行为感到佩服并给予回报。即使上司将来另立门户亦会视你为左右手而提拔你。

2. 做事有主见有原则

在职场博弈里，你只做到忠诚还不够，还要坚持自己的原则，做事有主见，因为职场里各种消息会满天飞，一不小心，你就可能被假消息迷惑，从而失去自己在职场中的机会，所以你一定要坚持自己的主见。

IBM 最受欢迎的员工就是具有"野鸭精神"的员工。他们坚持自我，不迷信上司，有胆量提出尖锐而有设想的问题。IBM 总经理沃森信奉丹麦哲学家哥尔科加德的一段名言：野鸭或许能被人驯服，但是一旦驯服，野鸭就失去了它的野性，再也无法海阔天空地去自由飞翔了。沃森说："对于重用那些我并不喜欢但却有真才实学的人，我从不犹豫。然而重用那些围在你身边尽说恭维话，喜欢与你一起去假日垂钓的人，则是一种莫大的错误。与此相比，我寻找的是那些个性强烈、不拘小节以及直言不讳，甚至似乎令人不快的人。如果你能在你的周围发掘许多这样的人，并能耐心听取他们的意见，那你的工作就会处处顺利。"根据 IBM 公司的用人思想，这种毫不畏惧的人才会做出大的成绩，是企业真正需要的人才。

坚持自我是指维护自己的观点和立场。坚持自我的人会通过与人们进行诚实、公正的交流来表达自己的需要，而不是靠争斗来解决问题。下面这几点就是坚持自我的很好表现：

（1）重视自己的观点，保持自尊。

（2）发言时斩钉截铁。

（3）说话时要吐字清晰、语调平稳。你的声音越从容，你就会越自信。

（4）清晰而缓慢地说出自己的需求。

（5）保持身体前倾。

（6）正视对方。

说话时要强调自我，这是坚持自我的真正本质，做到这点你就能清楚地表达自己的愿望和期待，同时还不必把对方置于敌对的立场上。比如，你可以采用"我想"、"我觉得"、"我愿意"等句式来表达自己的意愿。

怎样跳槽才是合算的

在职场中，每个人都知道"此处不留人，自有留人处"这个道理，跳槽已成为一件很平常的事，但跳槽并非在任何时候都是一件有益的事。当情况不利时，跳槽就会变成一种风险。

有时跳槽会是一种风险，那么，我们究竟该如何判断呢？我们可以运用博弈的原理，判断对自己是否有利。

假设员工 A 在甲公司上班，如果他的薪酬是 x 元/月，由于种种原因 A 有跳槽的意向。他在人才市场上投递了若干份简历后，乙公司表示愿以 y

元/月的薪酬聘任 A 从事与甲公司类似的工作，y > x。这时，甲公司面临两种选择：第一，默认 A 的跳槽行为，以 p 元/月的薪酬聘任 B 从事同样的工作 y > p；第二，拒绝 A 的跳槽行为，将 A 的薪酬提升到 q 元/月，当然 q 一定要大于或等于 y，员工 A 才不会跳槽。

当员工 A 有跳槽的想法时，单位甲和员工 A 之间的信息就不对称了。很明显，员工 A 占有更充分的信息，因为甲公司不知道乙公司愿给 A 支付多少薪酬。当员工 A 提出辞呈时，甲公司会首先考虑到员工 A 所处岗位人力资源的可替代性，如果 A 人力资源不具有可替代性，那么甲公司就会以提高薪酬的方式留住 A，员工 A 与甲公司经过讨价还价后，甲公司会将员工 A 的薪酬提升到大于或等于 y 元/月的水平。如果 A 人力资源具有可替代性，那么甲公司就会默认 A 的跳槽行为。

其实，每个单位都会针对员工的跳槽申请作出两种选择：默许或挽留。相对来说，员工也会作出两种选择：跳槽或留任。实际上，在对待跳槽问题上，单位和员工都会基于自身的利益讨价还价，最后作出对自己有利的选择。实质上这一过程是单位和员工的博弈过程，无论员工最后是否跳槽都是这一博弈的纳什均衡。

以上只是基于信息经济学角度而进行的理论分析。实际上，当存在招聘成本时，即便人力资源具有可替代性，单位也会在事前或事后采用非提薪的手段阻止员工跳槽。例如，事前手段：单位与员工签署就业合同时，约定一定的工作时限和违约金额。事后手段则包括：限制户籍或档案调动；扣押员工工资；扣押员工学历证书或相关资格证，等等。

另外，对于员工来说，跳槽也存在择业成本和风险。新单位是否有发展前景，到新单位后有没有足够的发展空间，新单位增长的薪酬部分是否会弥补原来的同事情缘，在跳槽过程中，员工必须考虑到这些因素。这只是员工一次跳槽的博弈，从一生来看，一个人要换多家单位，尤其是年轻人跳槽更为频繁。将一个员工一生中多次分散的跳槽博弈组合在一起，就构成了多阶段持续的跳槽博弈。

正所谓行动可以传递信息。实际上，员工每跳槽一次就会给下一个雇主提供自己正面或负面的信息，比如跳槽过于频繁的员工会让人觉得不够忠诚；以往职位一路看涨的员工会给人有发展潜力的感觉；长期徘徊于小单位的员工会让人觉得缺乏魄力。员工以往的跳槽行为给新雇主提供的信息对员工自身的影响，最终将通过单位对其人力资源价值的估价表现出来。但相对于正面的信息来说，会让新单位在原基础上给员工支付更高的薪酬。

从短期看，通常员工跳槽都以新单位承认其更高的人力资源价值为理由；如果从长期看，员工跳槽的前一阶段时间会影响到未来雇主对其人力资源价值的评估。这种影响既可能对员工有利，也可能对员工不利。换句话说，员工在选择跳槽时，也等于在为自己的短期利益与长期利益作选择。

职场中，如果一个人心已不在就职单位上，那么他或多或少会在工作中表现出来。但你不要总以为自己才是最聪明的，也不要总想着跳槽。需要时刻记住的是：无论如何取舍，都不会有人为你的失误埋单。跳槽也存在着风险，所以要经过充分的考虑。

第十章　职场博弈——职场要遵守的黄金法则

博弈制胜

第十一章

管理博弈——做一个高效的管理者

　　管理是一场互动的游戏。缺乏良好的游戏规则，问题就会随之而来。面对绩效公正，奖总是有失偏颇；员工懈怠、效率下降，琐事繁多；老板没时间，员工没事干。管理一旦进入瓶颈，企业就到了危险的边缘，需要有一个机制来约束，管理者也要建立适当的预期来调动员工的积极性。

绩效考核中的博弈

绩效考核作为人力资源工作的一项重要组成部分，历来受到人力资源工作者的重视。而绩效考核的成果也是管理者最关心的问题，任何一个老板或公司都把绩效考核作为日常工作的重点。

人力资源工作者往往希望员工及用人部门能够提供客观公正的原始资料，但在实际工作中，由于绩效考核运作模式往往直接影响到员工的个人收入，员工倾向于有意高估自己的工作绩效，以追求个人利益最大化；而用人主管人员为了避免挫伤员工积极性，而采取尽可能在本部门内部解决问题的方式，客观上纵容了员工的行为。由于人力资源部门所收到的原始资料缺乏应有的价值，因而在考核管理中，人力资源部应有的权力制衡作用受到削减，从而对企业及员工个人发展产生不利影响。

为了避免员工有意高估工作绩效，许多企业采取单纯的上对下评估方式，但这种做法使员工完全失去了参与考核的权利，往往会降低工作积极性及员工满意度，进而影响到企业的长期发展。另外，由于主管的权力过大，加上部门主管不可能都具有较高的人力资源管理水平，尤其在部门主管管理水平偏低的情况下，有可能限制了一部分员工的发展，从而增加了公司员工特别是重要员工的流失率。

在企业方面，大多数只提倡"用人主管应提高管理素质，保证公正，客观地考核"，但由于缺乏应有的制度加以规范，收效并不十分理想。如果从"囚徒困境"博弈的有关理论出发，此问题便可以得到较大程度缓解。绩效考核运作，实际是对员工考核时期内工作内容及绩效的衡量与测度，即博弈方为参与考核的决策方，博弈对象为员工的工作绩效；博弈方收益为考核结果的实施效果，如薪酬调整、培训调整等。

我们假设绩效考核结果为考核决策方带来的影响可以用效用来衡量，而且绩效考核决策方的合作与不合作态度可以衡量。

员工的合作决策指员工愿意根据实际工作绩效作出客观地评估。相反，员工的不合作决策指员工故意降低或提高实际工作绩效。在实际工作中，员工的不合作决策大多表现为有意识地掩盖自己的错误或者有意扩大自己的工作成绩与工作能力。

类似的，主管的合作决策指主管能够根据员工的实际工作绩效作出客观地评估；主管的不合作决策指主管对考核漠不关心随意作出考核结果，有意掩盖或排挤某位员工。由于主管与员工的长期相处，则更多表现为对员工采取宽容决策。

因此，员工的不合作仅指员工故意掩盖错误或扩大工作绩效，主管的不合作决策仅指故意采取宽容下属的"天花板效应"。

下面我们将分析员工与主管可能采取的决策及相关决策收益。

（1）当员工采取合作决策，同时主管也采取合作决策，则人力资源部可以得到较为公正客观的数据，从而较精确地得到考核结果，因此可以作出较为适当的处理结果。即能与员工的工作绩效有效结合，此种情况可以获得 5 个效用单位。

（2）当员工采取合作决策，而主管采取不合作决策，人力资源部得到的数据则过多倾向于以员工提供的材料为主，即员工意见所占比重有较大程度的提高，从而使考核结果有利于员工，即可以计为 10 个效用单位。同时人力资源部得出主管未能有效配合人力资源部的工作，即未完成他的一部分职责。因此影响到主管工作绩效评估从而影响到主管的晋升及为加薪增加困难。可以计为 −2 个效用单位。

（3）与上类似，当员工采取不合作决策，而主管采取合作决策，则处理结果中，主管所占的比重有较大程度的提高，作为进一步的调整，人力资源部认为员工缺乏应有的基本敬业精神，从而影响到员工的长期发展机会。主管则得到能够对自己的本职负责，而得到能够完全胜任本职工作，从而为他的进一步发展提供良好的基础。可以计为 10 个效用单位。

（4）员工与主管均采取不合作决策，由于人力资源部缺乏必要的资料处理来源，从而对员工的绩效结果缺乏公正。由于必须作出决策，从而更多倾向于折中策略，在短期内将会有利于员工与主管的决策。主管与员工的决策收益可以计为 7 个效用。

因此，如果用决策收益矩阵图表示，可表示为：由于员工与主管都希望自己的决策收益最大化，因此双方最终选择合作决策。这将有利于员工、主管及公司的发展。

从长期角度分析，只能是双方中有一方离职后博弈才结束，因此理论上考核为有限次重复博弈。但实际工作中，由于考核次数较多，员工平均从业时间较长，而且离职的不可完全预知性，因此可将考核近似看做无限次重复博弈。

随着考核博弈的不断重复及在一起工作时间的加长，主管与员工双方都有了一定程度的了解。在实际工作中，由于主管在考核结果中的作用通常占有较高的比重，所以主管个人倾向往往对考核结果有较大的影响力。而且考核为无限次重复博弈，因此员工为了追求效用最大化有可能根据主管的个性倾向调整自己的对策。因此，从长期角度分析，要求人力资源部作出相应判断与调整，如采用强制分布法、个人倾向测试等加以修正。

总之，该体系运作要求公司的人力资源部门具有较强的信息收集处理技能，在公司内部形成合理的分工及权力分配。一方面可以通过降低主管的绩效考核压力，使部门主管有更多精力投入到部门日常管理及专业发展；另一方面通过员工能对自己的工作绩效考核拥有一定的权利，从而调动其工作积极性，协调劳资关系，最终激发员工的工作积极性，如此将极大程度地推动公司人力资源管理状况及公司长期发展。

企业制度中的博弈

只有有一个合适的奖罚分明的制度才能够对员工创造出合适的激励。

当企业发展顺利时，首先考虑的是资金投入、技术引进；当企业发展不顺利时，首先考虑的则是裁员和员工下岗，而不是想着如何开发市场以及激励员工去创新产品、改进质量与服务。那么企业应该如何制定一个员工激励制度，从而有效地驱动员工工作呢？其实这就是一个博弈的运用。

比如说有一家游戏软件企业的老总，打算开发一种叫做"仙剑奇缘"的新网络游戏。如果开发成功，根据市场部的预测可以得到2000万的销售收入。如果开发失败，那就是血本无归。而新网络游戏是否会成功，关键在于技术研发部员工是否全力以赴、殚精竭虑来做这项开发工作。如果研发部员工完全投入工作，有80%的可能，这款游戏的市场价值将达到市场部所预测的程度；如果研发部员工只是敷衍了事，那么游戏成功的可能性只有60%。

如果研发部全体员工在这个项目上所获得的报酬只有500万元，那么这款游戏对于员工的激励不够，他们就会得过且过、敷衍了事。要想让这些员工付出高质量的工作，老板就必须给所有员工700万元的酬金。

如果老板仅付500万总酬金，那么市场销售的期望值就有2000万×60%＝1200万元，再减去500万的固定酬金，老板的期望利润有700万元。如果老板肯出700万的总酬金，则市场销售的期望值有2000万×80%＝1600万元，再减去总酬金700万，老板最终的期望利润有900万元。

然而困难在于，老板很难从表面了解到研发部的员工在进行工作时到底是否恪尽职守、兢兢业业。即使给了全体员工700万的高酬金，研发部员工也未必就尽心尽力地完成这款游戏。

比较好的方法是若游戏市场反映良好，员工报酬提高，若是不佳，则员工报酬缩减。"禄重则义士轻死"，如果市场部目标达到，则付给全体研发人员900万元，若是失败，则让全体研发员工付给企业100万元的罚金。这种情况下，员工酬金的期望值是900万×80% － 100万×20%＝700万元，其中900万元是成功的酬金，成功的概率为80%，100万元则是不成功的罚金，不成功的概率为20%。在理论上，采用这样的激励方法会大大提高员工工作的积极性。

从某种意义上来说，这种激励方法相当于赠送一半的股份给企业研发部员工，同时员工也承担游戏软件在市场上失败的风险。然而这种方法在实际中并不可行，因为不可能有任何一家企业能够通过罚金的方式来让员工承担市场失败的风险。可行的方法就是，尽量让企业奖惩制度接近于这种理想状态。更加有效的方法，就是在本质上等同于奖励罚金制度的员工持股计划。我们可以将股份中的一半赠送给或者销售给研发部的全体员工，结果仍然和罚金制度是相同的。

从这个例子中可以看到，员工工作努力与否与良好的激励机制密切相关。然而我们现实中的很多公司却不明白这个道理。比如很多公司的奖惩制度上写着："所有员工应按时上班，迟到一次扣10元，若迟到30分钟以上，则按旷工处理扣50元。"国外有弹性工作制，即不强求准时，但是每天都必须有效地完成当天的工作。笔者认为，即使有人迟到、早退、被扣除工资，但是在实际工作中很有可能并不是努力工作，其因扣除工资而产生的逆反心理导致的隐性罢工成本反而有可能高于所扣除的工资。从表面上看，老板似乎赚得了所扣工资的钱，实际上却是损失更多。可见，这并不是一个有效的奖罚激励制度。

再比如有的公司规章条例写着："公司所有员工应具有主人翁意识，应大胆向公司领导提出合理化的建议，可以直接提出也可以以书面形式提出，若被采纳后奖励50元。"试问，不同的合理化建议对公司所创造的效益是不同的，假设一个人所提建议可以提高效益5万元，另一个人所提建

议则只能提高效益 500 元，都用 50 元的奖金来进行物质激励，其条例本身明显就不是合理化的制度。

雨果曾说过："世界上先有了法律，然后有坏人。"制度是给人执行的，也是给人破坏的。有时，制度成为不能办事的借口。刚开始，制度是宽松的，后来设的篱笆越来越多。有很多规则是潜规则，不需要说明。比如，买菜刀时，不需要说明不能让刀刃对着人。有些规则不规定不行，比如开会，不规定准时就肯定永远有人迟到。

制度还有一个给人破坏的特征。比如，按制度你只能住 400 元的房间，老板说，我破例给你住 600 元的，员工觉得老板违反制度对我特别好，而这样员工就会在工作上付出更多的努力。

总而言之，一个良好的奖惩制度首先要选择好对象，其次要能够建立在员工相对表现基础之上的回报，简单地说，就是实际的业绩越好，奖励越高。

用人制度中的博弈

如何把最合适的人放到最合适的岗位上去，这是企业用人制度要解决的问题。

战国野史记载：当时北方有两种马特别有名，一种是蒙古马，力大无穷，能负重千余斤；另一种是大宛马，驰骤如飞，一日千里。

邯郸有一商人家里同时豢养了一匹蒙古马和一匹大宛马，用蒙古马来运输货物，用大宛马来传递信息。两匹马圈在一个马厩里，在一个槽里吃料，但却经常因为争夺草料而相互踢咬，每每两败俱伤，要请兽医调治，使得主人不胜其烦。当时恰巧伯乐来到邯郸，商人于是请他来帮助解决这个难题。

伯乐来到马厩看了看，微微一笑，说了两个字：分槽。主人依计而行，从此轻松驾驭二马，生意越来越红火。能者要想才尽其用，不但要分而并之，还必须善用之。因为不同的贤才，各有其能，有的适合彼工作，有的适合此工作，把各种能力放在适合它们的环境里才能得以发挥。养可分，用必合，方能各自协调，发挥合力。

去过庙里的人都知道，一进庙门，首先是弥勒佛，笑脸相迎，而在他的北面，则是黑口黑脸的韦陀。但相传在很久以前，他们并不在同一个庙里，而是分别掌管不同的庙。

弥勒佛热情快乐，所以来的人非常多，但他什么都不在乎，丢三落四，没有好好管理账务，所以依然入不敷出。而韦陀管账是一把好手，但成天阴着个脸，太过严肃，搞得人越来越少，最后香火断绝。

佛祖在查香火的时候发现了这个问题，就将他们俩放在同一个庙里，由弥勒佛负责公关，笑迎八方客，于是香火大旺。而韦陀铁面无私、锱铢必较，则让他负责财务，严格把关。在两人的分工合作下，庙里呈现出一派欣欣向荣的景象。

分槽喂马和佛祖派工说的都是一个问题，就是如何把最合适的人放到最合适的岗位上去。

而这个问题也是一个曾经长期困扰中国企业的难题，特别在同时崛起两个候选人的情况下。

法国著名企业家皮尔·卡丹曾经说："用人上一加一不等于二，搞不好等于零。"如果在用人中组合失当，常失整体优势；安排得宜，才成最佳配置。在这方面，柳传志以其洞明世事的眼光，成功运用"分槽喂马"的策略，不仅化解了这个难题，而且将企业的发展推向一个新的高度。

2001 年 3 月，联想集团宣布"联想电脑"、"神州数码"分拆进入资本市场，同年 6 月，神州数码在香港上市。分拆之后，联想电脑由杨元庆接过帅旗，继承自有品牌，主攻 PC、硬件生产销售；神州数码则由郭为领军，另创品牌，主营系统集成、代理产品分销、网络产品制造。

至此，联想接班人问题以喜剧方式尘埃落定，深孚众望的"双少帅"——一个握有联想现在，一个开往联想未来。

但是在实行"分槽喂马"的过程中，还有一个如何进行搭配，使每个人才相得益彰而不是相互妨碍的问题。这就需要管理者对你的"千里马"有深刻的洞察力，最好使他们彼此所负责的事务具有互补性。

企业与员工的双赢博弈

在员工与企业的博弈中，员工要满足于企业给予的薪酬水平，企业也要对优秀的员工给以薪酬上的回报。这样，双方的博弈就能达到阶段性的力量均衡，从而实现共赢。

现今，许多员工对企业的"人身依附"心理已经大大减弱。在联想公司，许多员工喊出的"公司不是我的家"，已经深入人心，为广大的打工一族所普遍接受。付出就要求回报，并不过分。而从公司的角度出发，付出薪酬的前提，是要求员工为公司作出相应的贡献。在公司和员工既"相互依赖"又"相互争斗"的博弈中，最直接的表现形式就是薪酬。

其实，薪酬是员工与企业之间博弈的对象，这一博弈的过程与"囚徒困境"很相似。由于员工和企业很难有真正的相互认同，双方始终在考察对方而后决定自己的行为。员工考虑：拿这样的薪酬，是否值当付出额外的努力？企业又不是自己的，老板会了解、认同自己的努力吗？公司会用回报来承认自己的努力付出吗？公司方面考虑：员工的能力，是否能胜任现在的工作？给员工的薪酬待遇，是否物有所值？员工是否会对公司保持持续的忠诚？

有一个这样的管理故事。一个企业经营者某次跟朋友闲聊时抱怨说：

"我的秘书李丽来两个月了，什么活都不干，还整天跟我抱怨工资太低，吵着要走，烦死人了。我得给她点颜色瞧瞧。"朋友说："那就如她所愿——炒了她呗！"企业经营者说："好，那我明天就让她走。""不！"朋友说，"那太便宜她了，应该明天就给她涨工资，翻倍，过一个月之后再炒了她。"企业经营者问："既然要她走，为什么还要多给她一个月的薪水，而且是双倍的薪水？"朋友解释说："如果现在让她走，她只不过是失去了一份普通的工作，她马上可以在就业市场上再找一份同样薪水的工作。一个月之后让她走，她丢掉的可是一份她这辈子也找不到的高薪工作。你不是想报复她吗？那就先给她加薪吧。"

一个月之后，该企业经营者开始欣赏李丽的工作，尽管她拿了双倍的工资。但她的工作态度和工作效果和一个月之前已是天壤之别。这个经营者并没有像当初说的那样炒掉她，而是重用她。

从这个企业经营者角度看，他可以说是运用博弈的理论，通过增加薪酬使员工发挥出实力。如果当初他就把李丽炒掉，这势必给双方都带来一定的不利影响，而经过这样的博弈，双方都实现了共赢。

但如果从公司的管理角度看，这个故事说明了一个现象：许多员工在工作中，经常不断地在衡量自己的得失，如果认为企业能够提供满足或超过他个人付出的收益，他才会安心、努力地工作，充分发挥个人的主观能动性，把自己当做企业的主人。但是，老板很难判断、衡量一个人是否有能力完成工作，是否能够在得到高薪酬后，实现老板期待的工作成绩。老板经常会面临决策的风险。

由于员工和企业都无法完全地信任对方，因此就出现了"囚徒困境"一样的博弈过程。企业只有制定一个合理、完善、相对科学的管理机制，使员工能够获取应得报酬，或让员工相信他能够获得应得报酬，这样员工就能心甘情愿地努力工作，从而实现企业和员工的双赢结局。

在博弈的过程中，员工在衡量个人的收益与付出是否相符合时，会有三个衡量标准：个人公平、内部公平和外部公平。

所谓的个人公平就是员工个人对自己能力发挥和对公司所作贡献的评

价。是否满足于自己的收入标准，取决于自己对个人能力的评价。如果他认为自己是高级工程师的水平，承担着高级工程师的工作任务和责任，而公司给予的却是普通工程师的薪酬待遇，员工自然就会产生怨气，就会出现两种结果：或是消极怠工，或是选择离开。

企业要想保证个人公平，最重要的就是量才而用，并为有才能者创造脱颖而出的机会。一味地说教强调奉献不但无济于事，更是对员工的欺骗和不尊重。海尔的人才观是"赛马不相马"，说的并不是不需要量才而用，而是不以领导对个人的评价作为竞争评价标准，以一套公正透明的人才选拔机理，用个人在工作中的实际绩效作为评价机理和评价标准。要保证个人公平，还应该事先说明规则，保证让双方明白相互间的权利和义务。

员工相互之间的比较衡量就是所谓的内部公平。对于企业的分工来说，个人无法完成工作的整个工序，而是需要团队间的相互协调、配合完成。很难判断一个员工对企业作出的贡献，也很难在岗位相近的员工之间，进行横向比较。而过多人工干预、领导主观对员工的评价，进而反映在薪酬待遇上，常起不到激励员工的积极作用，更多是消极作用。公司只有统一薪酬体系、科学的岗位评价和公正的考核体系，才能保障内部公平。

外部公平主要是员工个人的收入相对于劳动力市场的水平。科学管理之父泰勒对此有深刻的认识，他认为，企业必须在能够招到适合岗位要求的员工的薪酬水平上增加一份激励薪酬，以保证这份工作是该员工所能找到的最好工作，这样，一旦员工失去这份工作，便将很难在社会上找到相似收入的工作。因此，一旦员工失去工作，就承担了很大的机会成本。只有这样，员工才会珍惜这份工作，努力完成工作要求。

很多公司在招聘人才时，都强调公司实行的是同行业有竞争力的薪酬标准。什么叫有竞争力的薪酬待遇？就是同业之间的薪酬比较。比如说，一个软件架构设计师，在外企的薪酬是每月三万元，而同一行业、同一类产品的国内公司，要想聘请到同档次的软件架构设计师，你的薪酬水平就不能低于外企的薪酬水平。

以上三方面也是员工对企业不满的主要原因，其中薪酬设计的关键因素是内部公平与外部公平，个人公平虽然难以从外部表现来衡量，但对于员工积极性的影响也是实实在在的，企业需要通过与员工的沟通，缩小双方的认识差距，让员工认识到自己劳动的价值，市场上的真正价值，珍惜自己的工作岗位，满意企业给予自己的待遇。只有双方实现互信，才能保障共赢。

激励制度后面的信用博弈

口头奖励、红包、温情对待、表示尊重……无论多么经典的激励手段，结果都是第一次比较有用，再而衰，三而竭。为什么呢？

激励是种典型的基于支配型关系的行为。我们哄孩子时都这样说："乖啊，你听话，就给你糖吃。"是因为我们要孩子去做他不想做的事，才要用糖果来"激励"他。结果，这次给一块糖，下次就得两块、三块，现在的孩子们多患龋齿，可能和家长的激励措施有关。

激励背后的思维方式是"我要你做"，而不是员工"我自己要做"。所以，员工视你的激励措施为他痛苦选择的补偿，认为你给的激励是应该的，甚至还不能满足他们的期望。

其实，好的企业与员工的关系应该是：员工在给企业打工，同时是在做他们自己觉得划算的生意。

如果员工觉得激励手段是个"惊喜"，他会很开心，然后就会认为下次应该有更多、更大的惊喜，否则就失望。因为是交易行为而且是持续进行的交易行为，老板不要指望员工会对你一次提出的交易条件满意多次。单次交易，完成就行；持续交易，就要有持续交易的规则和条件。

我们要不要用人不疑，疑人不用？这是个相当经典的命题，民营企业老板和经理人之间经常爆发的矛盾当中，就包括疑人与用人矛盾。

疑和用的问题是关于信任和授权的。无条件的、完全的信任，就要疑人不用，用人不疑。那么，为什么我们要如此信任别人呢？其实，这条企业管理规则产生于没有电话、网络的时代，那时将军带兵出征，或者镇守边陲，和皇上沟通一次，可能要十天半个月，皇上没办法对将军进行实时指挥，所以，将在外，君命有所不受——因为皇上不了解现场的情况。

在信息难以及时传递的情形下，用人没办法疑，疑人也绝对不能用，人际关系必须是基于个人信任的支配型。

现在呢？即便是地球两端，也可以随时通过显示屏面对面地通话，美军在海湾作战时，坦克上都装了摄像头，及时把战况传回指挥部，指挥部可以用卫星定位和地面监测，随时把握战局动态，进行指挥。此种情况下，授权和信任还需要那么封闭、那么多吗？

市场变化快，需要快速决策、快速调整，所以授权的范围和时间也必须缩小。这时就是要随时监督、随时讨论。

所以，"用人不疑、疑人不用"这句话，可以停止使用了。

用人是为了让他劳动，他为你工作也是为了自己的利益，只要有完善的激励机制，员工自然不会背叛你。

胡萝卜与大棒在手

人都是需要激励和限制的，所以我们在博弈的时候，就要注意这种"威逼利诱"的方式，给人激励让他发展，但是又要限制他，让他不能脱开你的掌握。

　　"胡萝卜加大棒"的故事相信大家都不陌生，它来源于西方一则古老的故事。要使驴子往前走，就在它前面放一个胡萝卜，或者用一根棒子在后面赶它。而今，这个原理被广泛地适用在各个行业，特别是企业管理上，很多的领导人都喜欢使用这个方法。的确，在管理上这是一种很有效的方法，常常用来考核业绩。

　　这就是管理阶层与员工之间博弈的方法了，其实不仅是在企业中，在很多的其他管理方法中，也用到了这个方法。例如，学校对于学生的管理方面，一面采用奖学金的方式，而另外一面则采用不及格必须补考的模式。

　　首先我们来看大棒的好处，有这样一个故事：

　　每天，当太阳升起来的时候，非洲大草原上的动物们就开始奔跑了。狮子妈妈在教育自己的孩子："孩子，你必须跑得再快一点，再快一点，你要是跑不过最慢的羚羊，你就会活活地饿死。"在另外一个场地上，羚羊妈妈在教育自己的孩子："孩子，你必须跑得再快一点，再快一点，如果你不能比跑得最快的狮子还要快，那你就肯定会被它们吃掉。"

　　俗话说，"溺是害严是爱"，"棍棒底下出孝子"，"严师出高徒"。人是要有压力的，养尊处优，只能使人安于现状、丧失斗志、降低效率。不可否认，大棒会给人带来一种恐惧感，而这种恐惧感并不是在任何条件下都是负面效应的。恐惧来源于人们对生存的威胁，而只有当人们受到生存威胁的时候，大多数人才会集中精力、激发思维、提高效率。美国哈佛大学克莱默教授的一项研究表明，很多人喜欢给比较凶的和比较严厉的管理者做事情。

　　而现实中也是这样，当一个人严厉的时候，往往他办的事情或者他要求别人完成的东西质量都是很好的。而同时，这个严厉的人很容易给人一种威严的感觉，不管在什么方面，都会让人有信任感。

　　你想想，在生活的博弈世界里，当你处处都得到人们的信任，做事都能让别人信服，能够激励别人的斗志的时候，你还有什么游戏不能玩得出色的呢？对待任何一个人或者一件事情都不能一味地将就，否则就成

"溺"了。

情侣之间谈恋爱，如果只是一方百依百顺，最后得势的一方不但不会感激，反而会觉得对方没有个性，没有气概，没有主见，和这样的人在一起不会有什么前途，最后两人只能落下遗憾。

对待孩子，如果孩子想要什么就买什么，做错了事情不知道用"大棒"去惩罚，那么最终这个孩子将无法无天，贻害社会。

再说胡萝卜的力量。

古人云："重赏之下，必有勇夫；赏罚若明，其计必成。"你要获得什么你就去奖励什么。曾国藩是一个文人，他把湘军治理成为一支很有战斗力的军队，方法很简单，他认为农民出来卖命打仗无外乎是为了升官发财，对想当官的人：打小胜仗当小官，打大胜仗当大官；对想发财的人：打小胜仗发小财，打大胜仗发大财。把打仗的胜负与士兵的升官发财联系在一起，这就为这支军队注入了活力和生命力。

胡萝卜好看、有营养，送给别人，当然是一片欢腾，适当的奖励可以给人注入动力，可以让人朝着你想要的方向发展。

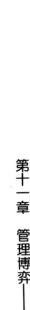

刘先生家住在北京某豪华地段，他的爱好就是品尝美食，对于被他看好的美食，他是百吃不厌。于是附近的一些饭店他都去过了，最后他确定了两家最喜欢的地方，但是有一家相对来说比较远一些，而两家的价格、服务和味道水平都差不多，于是他经常就在近的地方吃饭了。

但是偶然一次，他在远的那家饭店吃完饭之后服务员给了他一张会员卡，说是他是这里的常客，应该给他一些折扣，以后每次吃饭都能给打个八五折，而且还附带送一些小果品或者凉菜之类的东西。

这下子可把刘先生给乐了，有这样的事情干嘛不享受啊，自己请客，朋友聚会之类的不少，这不是节约了很多吗，不就是多走了一点路而已嘛，很划算的。

于是刘先生开始"舍近求远"，成为了那家饭店的贵宾。

从这个故事来看，无疑这家饭店在博弈中取得了满意的成果，博弈者都要遵守博弈的规则，利用好这些智慧，让别人心服口服地成为自己的需要。你看，这个饭店适当地给客人一些"胡萝卜"，让客人尝到了甜头。而客人满足于这样的实际实惠，所以来光顾的次数也比以前要多，每一次消费的数量也比以前要大。

从而我们可以看到饭店是真正的赢家，拿出"胡萝卜"而让客人沿着自己想要的路线去走，最后让自己取得想要的结果。

当然，"胡萝卜"吃多了也会麻木，再美的事物看多了也会审美疲劳。而"大棒"用多了也会让人反抗，同时还会限制人的发展。因此，单一的一种手段是不可取的，要有奖励还要有惩罚的措施，才能够让人既前进又不逆反。

拿破仑说得很形象："我有时像狮子，有时像绵羊。我的全部成功秘密在于：我知道什么时候我应当是前者，什么时候应当是后者。"

有一名家长描述他的生活的时候，这样写道：

"十六个月大的儿子一直被外婆带着，也被爷爷和奶奶惯着，所以他从来没有离开过这三老围着一个孩转的幸福生活。

可是春节过后，爷爷和奶奶一起暂时回老家了，只有外婆一人带他。

今天中午，我回到家。外婆要去菜市场买点菜，儿子当然也就要我带了，可娇惯的儿子不同意。

外婆悄悄地离开了家，儿子发现了。哭天抢地，愤怒的眼睛直直地盯着我。我好心地抱他，他挥起小手就朝我打来，把我眼镜一下就打到地下；我逗他，他一下就倒在地上，从客厅的这头滚到了那头；我把好吃的给他，他才渐渐停止了哭泣，但是好景不长，一会儿又开始了。我实在没辙，拿出玩具和他一起玩，这才又好了一点，没想到过了不到十分钟，便又丢了玩具开始耍浑。

我只好不理他，他把屋子的每一个角落都找遍，从一个卧室到另一个卧室，甚至卫生间也没放过；刚开始他讲道理，后来他亡命似的把家里的东西见一样毁一样。看着满屋的混乱不堪，我忍无可忍，强行把他按在沙发上，抽了他屁股，然后把他扔在地上，任他哭泣。

可不一会儿，他就不哭了，自己爬了起来，跑进了我的怀抱。"

这名家长最后自己总结了一下，教育孩子也要用"大棒加胡萝卜"的方式才行，只是一味地哄他，好像效果并不是很明显，在"胡萝卜"失效的时候，"大棒"的效果就可以看见了。

这名家长的教育是成功的，这也是在和孩子的博弈，选择了理智的方式，从而取得了理想的效果。

人都是需要激励和限制的，所以我们在博弈的时候，就要注意这种"威逼利诱"的方式，给人激励让他发展，但是又要限制让他不能脱开你的掌握。所以，只有"大棒"与"胡萝卜"同时在手，该用哪个的时候毫不吝啬地去用。

管理中的利益关系

管理如同做生意，在管理当中人和人之间最终只有一种关系：生意伙伴关系，以利益交换为基础的生意伙伴关系。

组织内部、外部的人际关系状态经常会发生变化，唯一不变的是生意伙伴关系，永恒的生意伙伴。搞不清这一点，你就难免会有这样那样的心理落差或行为不当。

小红觉得自己是天下最冤的人，比窦娥还冤。

小红曾经是电视台的美女加才女，她被一位著名媒体投资人看中，请去筹备一本都市期刊。小红非常投入，把自己的很多朋友也拉来一起做。期刊上市了，经营慢慢步入正轨，小红有一天突然发现，她的一位好朋友——被她请来做编辑部主任的小T，竟然背着她和老板（投资人）密切接触，而且说了很多她的坏话。老板则表示出一副公平竞争的态度：小红很能干，小T也很能干，至于小T能否替代小红，要看她们各自的表现。

小红非常郁闷，找朋友聊天。朋友问她："小 T 和你是什么关系？"

小红："朋友啊。"

朋友："现在呢？"

小红："同事啊。"

朋友："如果以前不是朋友，是单纯的同事，她想往上升以取代你，正常吗？"

小红："嗯……正常。"

朋友："同事关系，即工作关系，更准确地讲，就是为了利益在一起做事的关系。并且，每个人其实都希望通过工作获得更多利益，对吧？"

小红："我明白了。"

道理其实非常简单，职场是生意场，在职场这个大 game 当中，人和人之间最终只有一种关系：生意伙伴关系，以利益交换为基础的生意伙伴关系。

另外一个例子是创维集团的老板黄宏生。黄给人的感觉相当厚道，听他讲述创业的故事，就像是带着一帮弟兄打江山的感觉。结果，黄宏生第一次遭遇重大挫折，是他非常倚重的陆强华带领整个销售团队集体跳槽；第二次，也是因为身边人举报，在香港惹上官司。其实，如果黄宏生不是用对待家里人的方式对待这些人，利益、规则都讲得清清楚楚，大家有什么期望的变化随时摆到桌面上来谈，可能也就不会遇到这些突然性的"背叛"。

职场人际关系，也是按照价值链的方式串联起来的，包括供应商、客户、合作者、竞争者、可能的替代者、潜在的对手和同盟者等，这些人都是你的职场生意伙伴。因为期望和人际关系会发生变化，你今天的平级同事可能是你明天的上司，今天的竞争对手可能是明天的客户，所以，在职场人际经营中，对各种人都要保持平和、理性的心态。

博弈制胜

第十二章

谈判博弈——需求己方利益的最大化

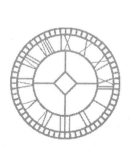

　　谈判的参与者应该学会利用各种博弈手段尽量缩短谈判的过程，尽快达成一项协议，以便减少耗费的成本，从而避免损失，维护各自的最大利益。

讨价还价的智慧

对谈判博弈的讨论，提醒我们注意一点，就是如果担心博弈结果在未来会对自己不利的话，应该在博弈进行中充分利用讨价还价的能力，避免自己将来陷入困境。

在谈判中为了维护博弈双方各自的利益，必然会出现讨价还价的局面。例如，我们到菜市场买菜，就是最简单的谈判博弈，我们来分析一下其中讨价还价的作用。大家请看这段熟悉的对话：

"苹果怎么卖？"

"10 块一斤。"

"10 块钱一斤太贵了，您再便宜点吧。5 块吧！"

"抢钱啊。现在的水果都在涨价，您给 9 块吧。"

"还是太贵了。6 块吧。"

"最低 8 块 5，您总不能让我赔钱吧。"

"7 块钱，最多了。要不我就走了。"

"8 块！成本价给您，当我不赚钱。"

"那行吧，你给来一斤。反正你肯定有赚头。"

价格就像钟摆一样，在双方的讨价还价中摆来摆去，最后定格在 8 块上。或许你会说："为什么不一开始就卖 8 块，大家都省事。"事实上，8 块是博弈的最终结果，而之前谁知道最佳成交价是多少呢。或许换个卖家和买家，同样的苹果，最终成交价是 7 元、9 元、10 元，等等。其实，无论最终的成交价是多少，形成成交，就说明这次博弈达到了双方满意的目的；反过来说，如果有一方觉得不满意，就不会形成交易。你看到，促成

博弈双方达成共识的，就是讨价还价的作用。

在商业谈判中，这种讨价还价的过程更显得尤为重要，双方为了自己的利益，唇枪舌剑，都在等待最佳成交价格的出现。对于大的贸易来说，一次谈判更可能耗时几天甚至是几个月。

值得注意的是，由于博弈的双方所处的位置不同，讨价还价并不一定是公平进行的。在某些时候，你还可能碰到这样的局面，就是当你准备和对手进行讨价还价时，却发现对方根本不懂得或不愿意和你进行谈判，在这种情况下，你的位置决定了你是否有能力和对方博弈。对于这一点，两个经济学家的遭遇恰好提醒了我们。

一天深夜，有两个经济学家打车从机场到酒店。司机认出了名人，热情地说不用打表，会给他们最优惠的价格和正规发票。

两个经济学家敏感地认识到这是一个博弈问题：在不知道价格和这位司机的可疑动机的情况下什么是最佳的对策呢？经过复杂的心算，两个人得到了一致的答案，只要到了酒店，他们的还价地位就非常的高，而且深夜了出租车很难叫。于是，出租车拉着他们到了酒店。

司机依然热情，说："只收你们 100 元，零头去了。"于是两个经济学家试图还价到 90，谁知道司机气坏了，把车门反锁，直接拉着他们回到了机场，生气地嚷嚷"90 块只能到半路，不信我就算了"，就把他们扔在了原来的地方。

两人瞠目结舌，又等了将近半小时，才打到一辆车，两个人没等司机说话就坚持要打表，一路到了酒店，出租车的价目表正好停在了 90 上。

之后，两个著名经济学家得到的结论是："应该先下车再还价。"

经济学家固然聪明，但是他们找错了博弈的对象。出租车司机不愿意和他们进行讨价还价，又把这两个人拉回了原处。造成了双输的局面，这个结果在博弈上又被称为"负和博弈"。

我们假设一下，如果这两个经济学家到达酒店，下了车之后，再和出租车司机进行讨价还价的博弈，那样的结果恐怕就不是故事中这样。出租车司机恐怕不会活生生地把这两个人拉进车里，再拉回机场，很有可能被迫同意 90 元的条件。

所以说，你在博弈中的位置决定了你在讨价还价中是占优还是占劣，由此决定了博弈的结果是否让你的利益达到最大。

仔细想想，为什么很多时候，谈判会进行得非常漫长呢？主要是因为双方都有讨价还价的能力，并且没有一方在博弈中占据极为有利的位置，陷入了僵持。如果其中有一方失去了讨价还价的能力，这种僵持局面将会被打破。如上面的出租车司机和经济学家，如果出租车司机锁住车门，开始和经济学家讨价还价，那么很有可能出现的局面是双方你来我往，谈了很长时间也不分胜负。但是如果经济学家下车，司机就会失去讨价还价的能力，因为一旦经济学家逃跑，而自己随便把车丢在路边去追是有风险且不划算的，所以博弈的天平就倾向于经济学家，谈判会很快结束。

对谈判博弈的讨论，还提醒我们注意一点，就是如果担心博弈结果在未来会对自己不利的话，应该在博弈进行中充分利用讨价还价的能力，避免自己将来陷入困境。

台湾著名作家刘墉在《我不是教你诈》中讲了这样一个故事。

从乡下的老房，搬进台北的高楼，小李真是兴奋级了。楼高 18 层，小李住 17 楼，站在阳台上，正好远眺市中心的十里红尘。唯一美中不足的是小李那十几盆花。阳台朝北，不适合种。适合种的是东侧，却只有窗，没阳台。

"何不钉个花架呢？什么都解决了！"有朋友建议，并介绍了专门制作花架的张老板给小李。

只是自从钉了花架，虽然还没有钉上去，小李却一直做噩梦。梦见花架钉得不牢，花盆又重，突然垮了下去，直落十七层楼，正好落到路人的头上，当场脑浆四溅……

小李满身冷汗地惊醒，走到窗前，把头伸出去往下看。深夜两点了，居然还人来人往，热闹非常。想想，这时候花盆掉下去，都得砸死人。要是大白天出了事，还不得死一堆？

想到这儿，小李打了个寒战。可是花架已经钉上去了，花盆又没处放，看样子，是非钉不可了。

钉花架的那天，小李特别请假，在家监工。

张老板果然是老手，十七层的高楼，他一脚就伸出窗外，四平八稳地骑在窗口。再叫徒弟把花架伸出去，从嘴里吐出钢钉往墙上钉。

张老板活像变魔术似的，不知道嘴里事先含了多少钉子，只见他一伸手就是一只，也不晓得钉了多少。突然跳进窗内：

"成了，你可以放花盆了。"

"这么快！够结实吗？花盆很重的！"小李不放心地问。

"笑话！我们三个人站上去跳，都撑得住，保证二十年不出问题，出了问题找我。"张老板豪爽地拍拍胸口。

"这可是你说的。"小李马上找了张纸，又递了纸笔给张老板，"麻烦你写下来，签个名。"

"什么？你要……"张老板好像不相信自己的耳朵。可是，看小李一脸严肃的样子，又不好不写，正犹豫，小李说话了：

"如果你不敢写，就表示不结实。这样掉下去，可是人命关天，不结实的东西，我是不敢收的。"

"好！我写，我写。"张老板勉强地写了保证书，搁下笔，对徒弟一瞪眼，"把家伙拿出来，出去！再多钉几根长钉子，出了事，咱可要吃不了兜着走了。"

说完，师徒二人又足足忙活了半个多钟头，检查再检查，才气喘吁吁地离去。

故事中的小李考虑到了一点，就是未来很可能出现花架不结实的问题，于是他抓住了张老板的一句话，在自己还能和他讨价还价的时候，达成了协议，从而保护了自己的利益，避免未来可能存在的质量问题。

保护自己讨价还价的能力，就是保护自己的利益。在生活中，这一点尤为重要。如果你是买家，你的优势策略就是等验完商品再付款；如果你是卖家，就应该争取对方先支付部分货款再交货。

准备充分很重要

在我们讨价还价之前，一定要作足准备，先搞清楚行情，再进入博弈中，否则将会陷入对方设定的骗局。

如果你想寄一份快递，之前没有类似的经验，于是你给某家快递公司打电话，通过简单几句，对方摸出你是一个新手，于是骗你说要二十元钱。你想了想，开始讨价还价，最后十五元成交。当你为自己的谈判水平感到扬扬得意时，其实市场的行情也就八至十元而已，甚至更低，只不过，你没有摸清楚行情。这就是为什么"货比三家"这条策略如此重要的原因了。

在任何的谈判博弈展开之前，准备得越充分，对自己越有利，胜算的把握也越大。

美国总统尼克松在一次访问日本时，基辛格作为美国国务卿同行。尼克松总统在参观日本京都的二条城时，曾询问日本的导游小姐大政奉是哪一年？那导游小姐一时答不上来，基辛格立即从旁插嘴："1867 年。"这点小事说明基辛格在访问日本前已深深了解和研究过日本的情况，阅读了大量有关资料以备不时之需。

美国人十分注重商业谈判技巧，在行动前总要把目标方向了解清楚，不主张贸然行动。所以，他们的生意成功率较高。美国商人在任何商业谈判前都先做好周密的准备，广泛收集各种可能派上用场的资料，甚至对方的身世、嗜好和性格特点，使自己无论处在何种局面，均能从容不迫地应付。

一家美国公司与日本公司洽谈购买国内急需的电子机器设备。日本人素

有"圆桌武士"之称，富有谈判经验，手法多变，谋略高超。美国人在强大对手面前不敢掉以轻心，组织精干的谈判班子，对国际行情作了充分了解和细致分析，制定了谈判方案，对各种可能发生的情况都作了预测性估计。

美国人尽管对各种可能性都作了预测，但在具体方法步骤上还是缺少主导方法，对谈判取胜没有十足把握。谈判开始，按国际惯例，由卖方首先报价。报价不是一个简单的技术问题，它有很深的学问，甚至是一门艺术：报价过高会吓跑对方，报价过低又会使对方占了便宜而自身无利可图。

日本人对报价极为精通，首次报价一千万日元，比国际行情高出许多。日本人这样报价，如果美国人不了解国际行情，就会以此高价作为谈判基础。但日本人过去曾卖过如此高价，有历史依据，如果美国了解国际行情，不接受此价，他们也有词可辩，有台阶可下。

事实上美国人已经知道了国际行情，知道日本人在放试探性的气球，果断地拒绝了对方的报价。日本人采取迂回策略，不再谈报价，转而介绍产品性能的优越性，用这种手法支持自己的报价。美国人不动声色，旁敲侧击地提出问题："贵国生产此种产品的公司有几家？贵国产品优于德国和法国的依据是什么？"

用提问来点破对方，说明美国人已了解产品的生产情况，日本国内有几家公司生产，其他国家的厂商也有同类产品，美国人有充分的选择权。日方主谈人充分领会了美国人提问的含意，故意问他的助手："我们公司的报价是什么时候定的？"这位助手也是谈判的老手，极善于配合，于是不假思索地回答："是以前定的。"主谈人笑着说："时间太久了，不知道价格有没有变动，只好回去请示总经理了。"

美国人也知道此轮谈判不会有结果，宣布休会，给对方以让步的余地。最后，日本人认为美国人是有备无患，在这种情势下，为了早日做成生意，不得不作出让步。

"准备充分再做交易。"这是美国人的经商法则。在经商过程中，如果遇到不懂的问题，美国人会问到自己彻底弄清楚以后才善罢甘休。美国人这种问则问个水落石出的性格，在商业谈判中可以彻底地表现出来。

美国汽车业"三驾马车"之一的克莱斯勒汽车公司拥有近70亿美元的资金，是美国第十大制造企业，但自进入20世纪70年代以来该公司却屡遭厄运，从1970年至1978年的9年内，竟有4年亏损，其中1978年亏损额达2.04亿美元。在此危难之际，亚科卡出任总经理。为了维持公司最低限度的生产活动，亚科卡请求政府给予紧急经济援助，提供贷款担保。

但这一请求引起了美国社会的轩然大波，社会舆论几乎众口一词："克莱斯勒赶快倒闭吧。"按照企业自由竞争原则，政府决不应该给予经济援助。最让亚科卡感到头痛的是国会为此而举行了听证会，那简直就是在接受审判。委员会成员坐在半圆形高出地面八尺的会议桌上俯视着证人，而证人必须仰着头去看询问者。参议员、银行业务委员会主席威廉·普洛斯迈质问他："如果保证贷款案获得通过的话，那么政府对克莱斯勒将介入更深，这对你长久以来鼓吹得十分动听的主张（指自由企业的竞争）来说，不是自相矛盾吗?"

"你说得一点也不错，"亚科卡回答说，"我这一辈子一直都是自由企业的拥护者，我是极不情愿来到这里的，但我们目前的处境进退维谷，除非我们能取得联邦政府的某种保证贷款，否则我根本没办法去拯救克莱斯勒。"

他接着说："我这不是在说谎，其实在座的参议员们都比我还清楚，克莱斯勒的请求贷款案并非首开先例。事实上，你们的账册上目前已有了4090亿美元的保证贷款，因此务请你们通融一下，不要到此为止，请你们也全力为克莱斯勒争取4100万美元的贷款吧，因为克莱斯勒乃是美国的第十大公司，它关系到60万人的工作机会。"

亚科卡随后指出日本汽车正乘虚而入，如果克莱斯勒倒闭了，它的几十万职员就得成为日本的佣工，根据财政部的调查材料，如果克莱斯勒倒闭的话，国家在第一年里就得为所有失业人口花费27亿美元的保险金和福利金。所以他向国会议员们说："各位眼前有个选择，你们愿意现在就付出27亿呢还是将它的一半作为保证贷款，日后并可全数收回?"持反对意见的国会议员无言以对，贷款终获通过。

亚科卡在这次关键的谈判博弈中胜出，可以想象，他之前做了多么巨大的准备工作，他调查了政府所发放的保证贷款，收集了财政部的调查资料，找到了为赢得贷款所需要的一切论证。当他拿出这些有利证据时，政府委员已经失去了讨价还价的主动权。

搞清楚对手的底牌

要想在谈生意中占得主动，一方面，要防止对手翻看自己的底牌；另一方面，自己也要想办法摸清对手的底牌。

摸清对方的底牌，才能做到充分的"知彼"。我在这里介绍一种透视法，注意，我所说的透视，并非用眼睛去看，而是用几种类似于透视的办法，来达到洞察对手底牌的最后目的。那么，如何才能"透视"对手的底牌呢？下面有十个策略。

"错误"策略。卖主以很低的价钱吸引顾客前来购买，等到顾客真有兴趣要买的时候，卖主又说，由于先前估价过程有错误，所以价格必须重新审定。

"提高品级"策略。卖方要知道买主到底有多少预算，于是便在停放"雪佛莱"车型的场地，询问买主对"奔驰"车有没有兴趣。

"降低品级"策略。买主不知道出多少价钱卖方能接受，于是就先告诉卖方，他在考虑买一种品级较低的产品，然后再用这种较低的价位去试探卖主，看卖方能不能以这个价格卖给他品级较高的产品。

"步步高升"策略。买卖两方谈好价之后，卖主反悔，这时他说经过一番"长考"，认定应该提高售价。

"心有余钱不足"策略。买主表示，他确实很有诚意想买下卖方的产品，可是因为预算有限，无能为力，所以，他们开始商量是否有其他办法，可以做成这笔生意。

"调解"策略。因为谈生意进行速度过快，买卖双方已竭尽其能，作出最后的让步，但还是没有达成协议，甚至使谈生意陷入僵局。这时候，运用仲裁从中调解，或许能使谈生意重现生机。

"要不要，不要拉倒"策略。买主提出这种条件，目的是要试探卖方的反应。

"礼尚往来"策略。买方提出一个可能的让步方案，并希望卖方"礼尚往来"。如果卖方果真依计让步的话，买主就会从较低的价位开始和卖方谈生意。

"二选一"策略。买方得知两幅画的价格是 800 元，如果你仅买一幅，单价就提高到 500 元。于是，买主询问对方，两幅才 800 元，这幅是 500 元，那另一幅 300 元，你卖不卖？

"单刀直入"策略。假如以上策略全行不通，那我建议你不妨采用"单刀直入"法，事实，不少人对"你来我往"、"讨价还价"缺乏耐心，所以他宁愿直截了当告诉你底价，至于你接不接受，那是另外一回事。

因此，掌握透视对方底牌的诀窍，你才能操控谈判的全局。

但是，由于惯性使然，人们在反复做某项工作时，往往会产生思维定式，形成一定的心智模式。所以，某些谈判老手往往可以据此猜到对方可能提出的要求，以及对方对其提议所持的态度。如此，谈判的主动权就会落在他的手中。如果你在谈判博弈时发现对方对你的思路比较熟悉，你最好是动动脑筋，采取一定的策略来设法弥补这一劣势。比如，你可以趁休会之机，找一个可以替代你的谈判者登场，这很可能会使对方大吃一惊。因为对方不知道新的谈判者与前一个谈判者相比，是不是很难对付？新的谈判者其谈判手法如何？这样，对方的心中就会因此而产生很大的压力，甚至会自动瓦解。

其实，更换谈判者是一种谈判艺术，它最大的好处在于，可以借此摸透对方的意图，摸清对方的底牌。就以美国史考乐斯三兄弟为例吧，他们

善于运用谈判中途更换谈判者的谈判艺术，而且效果颇佳。

史考乐斯三兄弟共同经营一家公司，他们在与对手谈判时，在不同的阶段分别登场。通常都是老三第一个上场，提出非常强硬的条件，待双方争执不下，谈不下去的时候，史考乐斯一方便提出暂停会议。当谈判再次开始时，一旁观阵的老二便出场。这时，老二会针对对方的目标和态度，与对方认真较量，直到对方几乎无力应战之际，老二又退出，老大登场。

由于老大一直在旁边不动声色地静观其变，通过前两个回合的较量，他基本上已摸准了对方的底牌，因而要不了几个回合，对方往往会迫于心理上的巨大压力而作出让步，并在合约上签字。

相反，如果你的对手在谈判时临时更换谈判者，变化谈判阵容的话，你该怎样应对呢？

面对新的谈判者，你要保持冷静的头脑。不妨把优先发言权让给对方，让他先发表意见，你可借此来摸清新谈判者所持的态度，然后你再在此基础上提出自己的要求；如果新登场的谈判者不再理会刚才谈的议题，而刚才所谈的议题对你来说又非常重要时，你一定要坚持讨论旧的议题，这样，对方很可能会回过头来再议原话题；不要将精力投放于旧的争执点上，否则，只会把事情弄僵，也许换个角度来讨论会收到较好的效果；事实上，对方换人这一做法，无疑是在向你传达这样一个信息：他要改变目前的谈判状况。你也可以试着提出一项新的方案，以试探对方的真实意图，进而摸清对方的底牌。

抓住对方心理才能搞定

在公关谈判的历史上，有很多通过抓住对方心理迅速"搞定"对方的经典案例。

巴拿马运河最早不是由美国开凿。19 世纪末，一家法国公司跟哥伦比亚签订了合同，打算在哥伦比亚的巴拿马省境内开一条连通大西洋和太平洋的运河。主持运河工程的总工程师就是因开凿苏伊士运河而闻名世界的法国人雷赛布，他自以为这一工程不在话下，然而巴拿马环境与苏伊士有很大的不同，工程进度很慢，资金开始短缺，于是公司陷入了窘境。

美国早在 1880 年就想开一条连贯两大洋的运河。由于法国先下手与哥伦比亚签订了条约，美国十分懊悔。

在这种形势下，法国公司的代理人布里略访问美国，向美国政府兜售巴拿马运河公司，要价 1 亿美元。美国早已对运河公司垂涎三尺，知道法国拟出售公司更是欣喜若狂。然而，美国却故作姿态，罗斯福指使美国海峡运河委员会提出报告，证明在尼加拉瓜开运河省钱。报告指出，在尼加拉瓜开运河的全部费用不到 2 亿美元。在巴拿马开运河的直接费用虽然只有 1 亿多，但另外要付出一笔收买法国公司的费用，这样，开巴拿马运河的全部支出将达 2.5 亿多美元。

布里略看到这个报告后大吃一惊。如果美国不开巴拿马运河，法国不是一分钱也收不回了吗？于是他马上游说，表明法国公司愿意削价，只要 4000 万美元就行了。通过这一方法，美国就少花了 6000 万美元。

罗斯福又用同一计策来压哥伦比亚政府。他指使国会通过一个法案，规定美国如果不能在适当时期内同哥伦比亚政府达成协议，选择巴拿马开运河，否则，美国将选择尼加拉瓜。

这样一来，哥伦比亚也坐不住了，驻华盛顿大使马上找美国国务卿海约翰协商，签订了一项卖国条约，同意以 100 万美元的代价长期租给美国一条两岸各宽 3 公里的运河区，美国每年另外付租金 10 万美元。

这个过程中，美国政府始终把握好了对手的心理底线，利用以退为进公关成功，用极低的价格达到了自己的目的。

公关谈判是一场与对手进行的心理战术，如果不能很好地把握对手的底牌，往往会事倍功半。在很多时候，如果能够抓住对方心里最容易被打动的地方是能够成功公关的关键。

小王是一家营销公司的公关经理，有一单生意是和市里一家著名的大企业合作，这单生意小王的公司是非常看重的，小王的任务就是要让该企业的梁老板愿意把钱投资到他的公司。开始的时候，事情进展得并不顺利，因为梁老板觉得这家公司是一家小公司，不愿把钱投到这里，小王从多方打听，得知梁老板是从农村一步步打拼出来的，对于家乡的老母亲感情非常深，但是由于工作非常繁忙，已经很长时间没有回家看过母亲了。小王决定到梁老板的老家跑一趟，以梁老板的名义带去了些礼物，并把老人家的生活状态拍了下来，回到市里，小王找到了梁老板，当梁老板看到了母亲的录像时，眼睛湿润了，小王知道自己这次触动了梁老板心里的那根弦。梁老板看到小王这么用心，决定把钱投资到他们公司。小王胜利地完成了自己的公关任务，得到了上司的赞赏，也给自己多交了一个朋友。

谈判能力是一个人综合素质的反映，一个谈判能力强的人一定是一个善于读懂别人心理的人，是一个善于把握机会的人。在销售谈判上，触动别人心底取得销售成功的做法，更是值得借鉴，有的时候你甚至不需要费太多口舌。"推销之王"乔·杰拉德就是深谙此道的人，他在自己的自传中讲述了他的一次成功销售经历。

我记得曾经有一位中年妇女走进我的展销室，说她只想在这儿看看车，打发一会儿时间。她说她想买一辆福特，可大街上那位推销员却让她一小时以后再去找他。另外，她告诉我她已经打定主意买一辆白色福特轿车，就像她表姐的那辆。她还说："这是给我自己的生日礼物，今天是我五十五岁生日。"

"生日快乐！夫人。"我说。然后，我找了一个借口说要出去一下。等我返回的时候，我对他说："夫人，既然您有空，请允许我介绍一种我们的雪佛莱轿车——也是白色的。"

大约十五分钟后，一位女秘书走了进来，递给我一打玫瑰花。"这不是给我的，"我说，"今天不是我生日。"我把花送给了那位妇女。"祝您生日快乐，尊敬的夫人。"我说。

显然，她很受感动，眼眶都湿润了。"已经很久没有人给我送花了。"

她告诉我。闲谈中，她对我讲起她想买的福特。"那个推销员真是差劲！我猜想他一定是因为看到我开着一辆旧车，就以为我买不起新车。我正在看车的时候，那个推销员却突然说他要出去收一笔欠款，叫我等他回来。所以，我就上你这儿来了。"

在这次销售中，乔·杰拉德面对一个已经选定其他车型的女士，发现了她需求，通过送花的方式打动了她的心理，从而实现了销售。换个角度想，假如杰拉德只是向这位女士介绍自己的产品，能够打动她吗？

转移对方的注意力

"巧设迷局，请君入瓮"是谈判中经常使用的技巧，这个技巧的最大好处是，即使你处于博弈的劣势，你都可以通过改变这个技巧改变局面，从而实现博弈的胜利。我们来看一个聪明的推销员的故事。

阿里森是一家电器公司的推销员。一次，他到一家公司去推销电机。

这家公司前不久刚从阿里森手中买过电机，由于使用不当，电机的温度超过了正常的发热指标，所以，这家公司的总工程师一看到他就不客气地说："阿里森，你不想让我多买你的电机吗？"阿里森在仔细地了解了情况之后，发现总工程师的说法是不正确的，但他没有强行辩解，而是决定以理服人，让客户自己改变态度。于是，他微笑着对这位总工程师说："好吧，斯宾塞先生，我的意见和你的一样，如果那电机发热过高，别说再买，就是已买的也要退货，是吗？"

"是的！"总工程师作了肯定的回答。

"当然，电机是会发热的。但是，你当然不希望它的温度超过了全国电工协会规定的标准，是吗？"对方又一次地作出了肯定的回答。

在得到了两个肯定回答之后，阿里森开始讨论实质性的问题了。他问斯宾塞："按标准，电机的温度可比室温高72F，是吗？""是的，"斯宾塞说，"但是你们的电机却比这个指标高出许多，简直让人无法用手摸。"

"难道这不是事实吗？"阿里森没有回答这个问题，而是反问道，"贵公司车间的温度是多少？"斯宾塞想了一下，说："大约是75F。"阿里森听了，点点头，恍然大悟地说："这就对了，车间的温度是75F，加上应有的72F，一共是140F左右。请问，要是你把手放进140F的热水里，会不会把手烫伤呢？"对方不情愿地点点头。阿里森趁热打铁地说："那么，你以后就不要用手去摸电机了。放心，那热度是正常的。"

就这样，阿里森提出了一系列的问题，使对方在一连串的"是"的回答中，不知不觉地否定了自己原来的观点，消除了疑虑。最后，阿里森在这场谈判中不仅取得了成功，而且还顺带做成了一笔生意。

从这个案例我们不难看出，谈判者谋略的出发点在于巧布迷阵，借以给对手指示某种虚假的动向或暗示的信息，使之具有一定的诱惑力，其目的就在于搜索到对方更多有价值的信息，从而掌握谈判的主动权，达到"请君入瓮"的目的。

在商务谈判中，谈判者常常运用虚实结合、巧布迷阵的策略，放置各种烟雾弹，干扰对方的视线，将对方引入迷阵，从而掌握谈判的主动权，改变对手的谈判态度，取得谈判的胜利。

已经60出头的魏德曼先生，在商业界仍然非常活跃。他打算从日本引入一套生产线，双方在斯图加特开始谈判。在进行了8天的技术交流后，谈判进入了实质性阶段。日方代表发言：

"我们经销的生产线，由日本最守信誉的3家公司生产，具备当今先进水平，全套设备的总报价是330万美元。"日方代表报完价后，漠然一笑，摆出了一副不容置疑的神气。

"据我们掌握的情报，你们的设备性能与贵国某某会社提供的没有任何差异，而我的朋友史璜先生从该会社购买的设备，比贵方开价便宜50%。因此，我提请贵方重新出示价格。"魏德曼先生缓缓站起身，掷地有声地说。

日方代表听了魏德曼的发言，面面相觑，就这样首次谈判宣告结束了。

离开谈判桌后，日方在一夜之间把各类设备的开价列了一个详细的清单，第二天报出的总价急剧跌到 230 万美元。经过双方激烈的争论，总价又压到了 180 万美元。至此，日方表示价格无法再压。在随后长达 10 天的谈判中，双方共计谈崩了 30 次，由于双方互不妥协，导致拉锯战没有任何结果。

"是不是到了该签约的时候了？"魏德曼先生苦苦思索着，回想整个谈判过程，前一段时间基本上是日方漫天要价，自己就地还价，处于较被动的状态，如果对方认为自己是抱着"过了这个村就没有这个店"的心态与他们进行压价谈判，要想让他们让步则难如登天。经过一番冥思苦想后，魏德曼先生计上心来，利用虚虚实实的手段假装和另一家公司作了洽谈联系。这一小小的动作立即被日商发现，总价当即降到 170 万美元。

单从报价来看，可以说这个价格相当不错了，但魏德曼先生了解到当时正有几家外商同时在斯图加特竞销自己的生产线，魏德曼认为，如果自己把握住这个有利的时机，很可能会迫使对方作出进一步的让价。

双方在谈判桌上的角逐呈现白热化状态。日方代表震怒了：

"魏德曼先生，我们几次请示东京，并多次压价，从 330 万美元降至 170 万美元，比原价降了 48.5%，可以说做到了仁至义尽，而如今你还不签字，你也太无诚意了吧？"说完后，气呼呼地把文件夹甩在桌子上。

"先生，我想提醒你的是，你们的价格，还有先生的态度，我都是不能接受的！"魏德曼先生说完后，同样气呼呼地把文件夹甩在桌上。由于魏德曼故意没有夹好文件夹里的文件，经这么一甩，文件夹里西方某公司的设备资料撒了一桌子。

日方代表看到桌上的资料大吃一惊，急忙拉住魏德曼先生的手满脸赔笑说：

"魏德曼先生，我的权限只能到此为止，请容我请示之后，再商量商量。"

"请你转告贵会长，这样的价格，我们不感兴趣。"说完后，魏德曼转身便走。

最后，日方经过再次请示，双方以160万美元成交。

魏德曼在此次谈判博弈中获得成功的奥秘，就在于他利用了虚虚实实的诡诈谋略，巧把日本人引入自己设置的迷宫，使日方代表慌了手脚，最终疑惑动摇，败下阵来。

用小妥协实现大目标

说到谈判博弈，自然要提到妥协。例如在市场上，买家与卖家经过讨价还价，最终以双方的妥协而成立。在国际冲突中，冲突双方各自作出让步，最后也以双方的妥协而解决冲突和纠纷。

在一些人的眼中，妥协似乎是软弱和不坚定的表现，似乎只有毫不妥协，方能显示出英雄本色。但是，这种非此即彼的思维方式，实际上是认定人与人之间的关系是征服与被征服的关系，没有任何妥协的余地。在现实生活中，人与人之间的关系逐渐由依赖与被依赖的关系，转向相互依赖关系。就说买东西吧，过去东西短缺，买家只能求着卖家。于是价格自然是铁价不二，没有任何商量余地。但现实不同了，市场经济下所形成的买方市场，买家与卖家的关系变为相互依赖，使得讨价还价流行开来。在这种情况下，如果不肯作出任何妥协，那只能失去自身的生存与发展的机会，成为最终的失败者。

妥协并不意味着放弃原则，一味地让步。应当区分明智的妥协和不明智妥协。明智的妥协是一种适当的交换。为了达到主要的目标，可以在次要的目标上作适当的让步。这种妥协并不是完全放弃原则，而是以退为进，通过适当的交换来确保自身要求的实现。相反，不明智的妥协，就是缺乏适当的权衡，或是坚持了次要目标而放弃了主要目标，或是妥协的代价过高遭受不必要的损失。因此，明智的妥协是一种让步的艺术，而掌握这种高超的艺术，可以换取更大的收益。

只要妥协符合双方的长远利益，那这样的妥协就有利于谈判各方全盘优势的实现。也许从眼前或局部来看，妥协是一种付出，但这种付出是为了更长远、更重要的收获，这种付出绝对不是损失，而是一种获取利益的科学战略。

妥协是双方或多方在某种条件下达成的共识，从争取利益的角度上看，它不是最好的方法，但在没有更好的方法出现之前，它却是最好的策略。为什么呢？因为妥协具有以下优点。

1. 妥协可以避免时间、精力等资源的继续投入。

在胜利不可得，而资源消耗殆尽日渐成为可能时，妥协可以立即停止消耗，使自己有喘息、调整的机会。也许你会认为，强者不需要妥协，因为他资源丰富，不怕消耗。理论上是这样子，但问题是，当弱者以飞蛾扑火之势咬住你时，强者纵然得胜，也是损失不小的惨胜，所以，强者在某些状况下也需要妥协。

2. 你可以借妥协的和平时期，来扭转不利的劣势。

对方提出妥协，表示他有力不从心之处，他也需要喘息，说不定他是要放弃这场博弈。如果是你提出，而他也愿意接受，并且同意你所提的条件，表示他也无心或无力继续这场博弈，否则他是不可能放弃胜利的果实的。因此，妥协可创造和平的时间和空间，而你便可以利用这段时间来引导态势的转变。

3. 你可以通过妥协维持自己最起码的存在。

妥协常有附带条件，如果你是弱者，并且主动提出妥协，那么虽然可能要付出相当高的代价，但却换得了存在。存在是一切的根本，因为没有存在，就没有明天、没有未来。也许这种附带条件的妥协对你不公平，让你感到屈辱，但用屈辱换得存在、换得希望，相信也是值得的。

第十二章 谈判博弈——需求己方利益的最大化

博弈制胜

第十三章

舍弃博弈——果断放弃应该放弃的东西

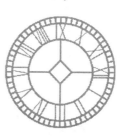

　　在经济学上，我们把那些已经发生、不可回收的支出，如时间、金钱、精力，称为"沉没成本"。这个意思就是说，你在正式完成交易之前投入的成本，一旦交易不成，就会白白损失掉。从理性的角度来说，沉没成本不应该影响我们的决策，然而，挽回成本的心理作用往往在博弈中让人作出非理性的决策，从而导致更大的损失。

当断不断其自乱

对于协和谬误的博弈来说，在没有100%胜算的把握下，及早退出是明智的选择。

你买进一只股票，股价下跌；于是你又在这个价位买进（股民称此为"摊平"），可是它又下跌……你再次购买的本意是减少损失，可是却越陷越深。博弈论专家经常将这种困境中的博弈称之为协和谬误。对于协和谬误的博弈来说，在没有100%胜算的把握下，及早退出是明智的选择。

20世纪60年代，英国和法国政府联合投资开发大型超音速客机，即协和飞机。开发一种新型商用飞机简直可以说是一场豪赌。单是设计一个新引擎的成本就可能高达数亿美元，想开发更新更好的飞机，实际上等于把公司作为赌注压上去。难怪政府会被牵涉进去，竭力要为本国企业谋求更大的市场。

该种飞机机身大，设计豪华并且速度快。但是，英法政府发现：继续投资开发这样的机型，花费会急剧增加，但这样的设计定位能否适应市场还不知道；而停止研制将使以前的投资付诸东流。随着研制工作的深入，他们更是无法作出停止研制工作的决定。协和飞机最终研制成功，但因飞机的缺陷（如耗油大，噪声大，污染严重等），导致成本太高，不适合市场竞争，最终被市场淘汰，英法政府为此蒙受很大的损失。在这个研制过程中，如果英法政府能及早放弃飞机的开发工作，会使损失减少，但他们没能做到。

不久前，英国和法国航空公司宣布协和飞机退出民航市场，才算是从这个无底洞中脱身。这也是壮士断腕的无奈之举。

249

在工作和生活中，人们经常会陷入类似的误区：一项工作的成本越大，对它的后续投入就越多。比如，女孩子喜欢买衣服，很多女孩买了一件不错的上衣之后，往往不会收手，发现自己没有适合搭配这件上衣的裤子，于是就继续投入，到商场里购买可以搭配的裤子。还没完，当上衣和裤子准备好的时候，女孩们还会觉得自己的鞋配不上这套衣服，于是又去买鞋。当鞋子买好之后，可能女孩们还会为这一身"行头"配个新包，于是又一大笔钱花了出去。算下来，一件衣服引发的购物超出了工资，于是"月光公主"诞生了。其实女孩们陷入了协和谬误的博弈中，忽视了购物的成本。

在经济学上，我们把那些已经发生、不可回收的支出，如时间、金钱、精力，称为"沉没成本"。这个意思就是说，你在正式完成交易之前投入的成本，一旦交易不成，就会白白损失掉。

像上面提到的股市中的股民，如果最后股票退市，那么他的投入就变成了沉没成本。由于退出研发，在协和飞机上付出的经费，也变成了沉没成本。如果女孩们最后买的所有衣服和饰物没有产生自己期望的效果，被放到衣柜里"雪藏"，那购物的开销也是沉没成本。

从理性的角度来说，沉没成本不应该影响我们的决策，然而，挽回成本的心理作用往往在博弈中让人作出非理性的决策，从而导致更大的损失。

在企业运营中，由于之前对决策的预见性并不准确，往往会导致出现协和谬误的困境，在这种情况下，及时放弃是明智的选择。

假设你是一家医药公司的总裁，正在进行一个新的止痛药开发项目。据你所知，另外一家医药公司已经开发出了类似的止痛药。通过那家公司止痛药在市场上的销售情况可以预计，如果继续进行这个项目，公司有将近90%的可能性损失500万，有将近10%的可能性赢利2500万。到目前为止，项目刚刚启动，还没花费什么钱。从现阶段到产品真正研制成功能够投放市场还需耗资50万。你会把这个项目坚持下去还是现在放弃？

10%的可能性会赢利2500万，90%的可能会损失500万，而且该项目

还没有任何投资。正常人会选择放弃。

让我们再来看下面这道题：你同样是这家医药公司的总裁，对于这个新的止痛药开发项目，你们已经投入了 500 万元，只要再投 50 万，产品就可以研制成功、正式上市了。成败的概率与上述案例相同，你会把这个项目坚持下去还是放弃？

除了你已经投入 500 万之外，第二个问题与前一个问题是完全一样的。既然已经懂得了沉没成本误区，我想你对以上的两道题应该会作出一致的决定。

但是把这二道题分别给老板们做，那些企业老总们绝大多数对第二题的回答是"坚持继续投资"。他们认为已经投了 500 万，再怎么样也要继续试试看，说不定运气好可以收回这个成本。殊不知，为了这已经沉没的 500 万，他们将有 90% 的可能非但收不回原有投资，还会再赔上 50 万啊。

所以在投资时应该注意：如果发现是一项错误的投资，就应该立刻悬崖勒马，尽早回头，切不可因为顾及沉没成本，错上加错。事实上，这种为了追回沉没成本而继续追加投资导致最终损失更多的例子比比皆是。许多公司在明知项目前景暗淡的情况下，依然苦苦维持该项目，原因仅仅是因为他们在该项目上已经投入了大量的资金（沉没成本）。

摩托罗拉的铱星项目就是沉没成本谬误的一个典型例子。摩托罗拉为这个项目投入了大量的成本，后来发现这个项目并不像当初想象得那样乐观。可是，公司的决策者一直觉得已经在这个项目上投入了那么多，不能半途而废，所以仍苦苦支撑。但是后来事实证明这个项目是没有前途的，所以最后摩托罗拉只能忍痛接受了这个事实，彻底结束了铱星项目，并为此损失了大量的人力、财力和物力。

舍小部，保大局

协和谬误对人们生活的一个重要提示是：在小利和大利面前，我们应该舍得放弃其中较小的一部分，保全较大的一部分，做一个能够权衡利弊的人。

在面对困境时，我们应该能做到牺牲局部，保全大局，这样才能够化险为夷。

丹尼斯是美国野生动物保护协会的成员，为了收集狼的资料，他走遍了大半个地球，见证了许多狼的故事。他在非洲草原就曾目睹了一只狼和鬣狗交战的场面，至今难以忘怀。

那是一个极度干旱的季节，在非洲草原许多动物因为缺少水和食物而死去了。生活在这里的鬣狗和狼也面临同样的问题。狼群外出捕猎都统一由狼王指挥，而鬣狗却一窝蜂地往前冲，鬣狗仅着数量众多，常常从猎豹和狮子的嘴里抢夺食物。由于狼和鬣狗都属犬科动物，所以能够相处在同一片区域，甚至共同捕猎。可是在食物短缺的季节里，狼和鬣狗也会发生冲突。这次，为了争夺被狮子吃剩的一头野牛的残骸，一群狼和一群鬣狗死伤惨重，但由于鬣狗数量比狼多得多，很多狼也被鬣狗咬死了，最后，只剩下一只狼王与五条鬣狗对峙。

虽然，狼王与鬣狗力量相差悬殊，何况狼王还在混乱中被咬伤了一条后腿。那条拖拉在地上的后腿，是狼王无法摆脱的负担。面对步步进逼的鬣狗，狼王突然回头一口咬断了自己的伤腿，然后向离自己最近的那只鬣狗猛扑过去，以迅雷不及掩耳之势咬断了它的喉咙。其他四条鬣狗被狼王的举动吓呆了，都站在原地不敢向前。更加吃惊的莫过于躲在草丛里扛着摄影机的丹尼斯。终于,四条鬣狗拖拉着疲惫的身体一步一摇地离开了怒目而视的狼王。狼王得救了。

当危险来临时,狼王能毅然咬断后腿,让自己毫无牵累地应付强敌,这值得人类学习。人生中,拖我们后腿的东西很多,那就是患得患失、瞻前顾后、惊慌失措……如果舍去了蝇头微利,就无法获取大的成功;如果承受不了咬去无法救治的后腿的痛苦,那么就有失去生命的危险!

聪明的人,凡事都会从大局着想,为整体利益暂时放弃一些局部利益。兵家、商家、职场人士无不知晓其中的道理。在事业,人生的困难时期,若只知进,不知退,只知得,不知舍,试图处处得利,必会处处被动,整体失利,最终受其大害。

舍卒保车,是一种策略,纵观天下,凡成就大事的男人无不懂得选择和放弃。为了谋求更大的发展,只有果断放弃眼前的某些利益。舍卒保车,不仅是为了保住性命,而是为了更好地拥有。

南宋初年,金国四太子兀术率兵南侵,宋国派岳飞领兵抵挡,两军在朱仙镇会战。兀术有位义子叫陆文龙,是兀术自小调教的,武艺超群,对了几阵,几位宋将都败在他手下,岳飞只好挂出免战牌,思谋新计。

宋部中有位部将叫王佐,原是杨幺部下,自从来到岳飞营中,一直没什么建树。这天晚上,他突然来到岳飞帐中,说有破敌之策。岳飞大喜,忙问他计将安出。王佐说:"那陆文龙本是我们大宋潞州节度使陆登的儿子。潞州失陷,兀术杀了陆登夫妇,而把在襁褓中的陆文龙和乳娘带到北番养大。在下愿去番营说服陆文龙来降。"岳飞当然高兴,但转念一想,王佐怎能打入番营呢?王佐说:"这个在下早已有计了。"说罢抽出剑来,一挥便砍下自己的右臂。岳飞赶忙来制止,王佐已倒在血泊中。岳飞忙让军医来包扎护理。王佐醒来,如此这般说了一番打入金营的办法,感动得岳飞热泪盈眶。

休养了几天,王佐瞅个夜晚来到金营。巡逻兵带他来见兀术,王佐痛哭流涕,说了一番劝岳飞识时务,不要跟强大的金国对抗,及早与金人讲和而激怒了岳飞,岳飞砍下了他的右臂的假造经过,直说得兀术动起情

253

来，安慰了一番，收在帐下。见王佐已不能出阵打仗，权当顾问，需要了解宋营将士情况便找他来问。

王佐本是儒将，饱读诗书，历史故事烂熟。金营诸将最爱打听中原历史，所以不时有人来找王佐去饮酒闲扯。

一日，王佐饮酒闲扯后回自己帐篷，路过一处，见一老年妇人中原打扮，在帐外晒衣服。王佐看左右没人注意，便上前搭话，果然是陆文龙乳母。乳母把他请入帐中，询问宋国情形，表示出不忘故国之情。王佐趁机问她日后有什么打算。妇人见是中原人，也不避讳，表示出南归之意。王佐亮出身份，两个定下游说陆文龙之计。

此后，王佐在乳娘安排下，常去陆文龙营中为陆文龙讲故事。一天，王佐带去一幅画，说要为陆文龙讲个精彩故事。陆文龙刚刚十六岁，孩子气未褪，自然十分高兴。讲故事前，王佐先让他看看那幅图画。陆文龙展开画，见上面画着一座官衙大堂，一位番将坐在堂上，堂前躺着一位宋将和一位妇人，皆已身首异处。旁边站着一位妇人在抹眼泪，怀里还抱着个孩子。陆文龙百看不解，请王佐从头讲来。

于是王佐说出金兀术入侵潞州杀死节度使陆登夫妇，抢走陆家公子陆文龙的故事。陆文龙一听，忙问："那小孩怎么与我重名？"王佐说："那小孩就是你，怎么不与你重名？不信，可问你乳娘，画上那位抱小孩的妇人，就是你现在的乳娘。"陆文龙将信将疑，乳娘从帐后哭着出来讲述了当时的经过。

陆文龙听罢，又恨又气，恨只恨兀术杀死父母，气只气自己全然不晓，认贼作父。

不久，陆文龙在王佐安排下投奔岳飞去了。岳飞得此猛将，大举进攻，把金兵打退了。

自古，凡成大事者，必深谙"舍卒保车"之道，小到钱财、房产，大到自尊、手足，能舍才有得。王佐舍己一臂，却为大宋得一猛将，为击退金兵打下了坚实的基础，可谓功不可没。

无论是职场上还是商场上，都经常出现"舍卒保车"的现象，为了大

利益，作出一些"相对"较小的牺牲，是成功的上司、领导、企业家取得成功的博弈策略。即使你是一名普通员工，也要学会舍得，只有舍得小卒子，才能将着军！

放弃的态度一定要坚决

如果用积极的态度，甩掉昨天的包袱，自己成功的机会才会更大。

某位老师在一天早上的实验课上，给他的同学们上演了这样一个实验：做实验之前，老师什么话都没说就把一杯早已准备好的牛奶扫进了水槽，牛奶洒了，杯子也碎了。同学们非常不解地看着他，也看着水槽里的牛奶和碎片，老师大声地说："不要为倒掉的牛奶哭泣。我要你们记住这一课，倒掉的牛奶是收不回来的，我们能做的就是在牛奶洒掉之前防止这样的事情发生。现在牛奶洒了，杯子碎了，我们只有忘记这件事，投入到新的事情当中，世界上没有后悔药。"当你无法挽回的事情发生了，就不要总是被它影响，要把注意力集中到新的事情当中，这样才能有新的机会。如果把精力用在为过去后悔上，那么你的损失会更大。

人们从这个经典的故事中总结出一句话，叫做"不要为打翻的牛奶哭泣"。其意思是，损失已经造成，即使再怎么哭天抢地、怨天尤人也于事无补，不如另寻他径，弥补已经造成的损失。

在简单的环境里，我们大可以假设"小心驶得万年船"，用谨慎来避免犯错。但是，在纷繁复杂的商场中，任何一个企业家都不可能只靠着小心来赢得成功。经济环境的波动、政府政策的变化，以及竞争对手的行为让这个世界充满了不确定性。今天的决策看似大有可为，前途光明，明天就可能变得一文不值，反而成了个累赘。牛奶洒不洒由不得你。你要做的

牛奶是可惜了。不然可以换成 200 只鸡蛋，又孵出 200 只小鸡，很快卖出就可以去参加舞会，并遇到梦寐以求的心上人……这样一想，怎能忍心头也不回地走开。然而就在你为牛奶哭泣的时候，另一个赚钱机会刚好从你身边偷偷溜走了，留下你浑然不知。

如果说开始的决策变成了地上的牛奶，让你蒙受了损失，是天灾人祸，那么哭泣的决策使你错过了反击的机会，就完全是咎由自取了。

人生都是由昨天走到今天，再由今天走向明天。很多时候，我们站在今天，却总是对昨天念念不忘，并不是说昨天与我无关，而是很多时候，为了自己能够生活得更好，不要总是对昨天念念不忘。不管昨天你是成功的还是失败的，都已成为过去式，虽然它会对你的今天和明天有所影响，但已不能成为最终的决定因素。所以要尝试着忘记昨天，尤其是别为昨天而哭泣。

马克今年四十岁了，想起五年前自己曾经经历的那场灾难，对他而言始终是一个警钟。马克从大学毕业事业就很顺利，在一个跨国企业干了四年之后，接近而立之年的他，想自己创一番事业，于是开始创业。开始的时候公司搞得还是红红火火，但是因为一次失误的投资，让他几近破产，那时候他心灰意冷，夜夜买醉，借酒浇愁，他的妻子试着去劝他，全然无用。他总是抱怨自己运气不好，对妻子的劝告不仅不感激，还对妻子大发脾气，那时候，几乎没有人能让他想通，从那次失误的投资中走出来，从头开始。

那时的他可以说是每天都在为昨天而流泪，可是换来的结果又是什么？妻子因为无法再忍受他的自暴自弃和对自己的冷眼相对，决定离开他一段时间，搬回了娘家。

"可能是妻子的离开，让我忽然觉得自己真的不像个人样了，那时候喝醉回家，冷冷清清的，原来妻子总是会很照顾我，那时我真的觉得自己对不起她。"马克后来跟朋友说起的时候，还是一脸愧疚的样子，"后来，我开始自己静下心来思考了，想再从头开始，正好自己也有个刚从海外回

来的同学，要在国内创业，他先是把我骂了一顿，真是把我彻底骂醒了，他也给了我一个从头开始的机会。"经过几年的打拼，他又走上了事业的顶峰，而且也与妻子重归于好了。看到现在已经进入不惑之年的马克，已经看不出他曾经的潦倒了，取而代之的是一个事业成功、家庭幸福的令人羡慕的对象。

如果说马克继续地自暴自弃，走不出昨天的失败，那么等待他的将是永远的失败，包括事业也包括家庭。

"拿得起，放得下。"这句俗语说的就是这样一个道理，然而并不是所有的人都能做到"放得下"，很多人依然活在对沉没成本的悔恨当中。每当人们想起以前发生过的事情，无论是亲人的离别、初恋的终结还是事业上的失败，都会感到痛苦。

其实仔细想想，在每个人的手中，最重要的是什么？不是已经过去的昨天，也不是还未到来的明天，而是你正在度过的今天。今天你的作为才是决定自己成败的关键，如果活在过去的阴影中，走不出来，成功始终都不会自己落在你头上，相反，如果用积极的态度，甩掉昨天的包袱，自己成功的机率才会更大。

学会选择，学会放弃

我们必须要看清方向，认准方向，方向找对了，就是一个成功的开始，而好的开始就是成功的一半。

有记者曾问一位成功的企业家成功的秘诀是什么？这位企业家毫不犹豫地回答：第一是坚持，第二是坚持，第三还是坚持。没想到他最后又加了一句：第四是放弃。确实，在一定的条件下，放弃也可能成为走向成功

的捷径。"条条道路通罗马",此门不开开别门。寻找到与自己才能相匹配的新的努力方向,就有可能创造出新的辉煌。

毫无疑问,我们不应当轻言放弃,因为胜利常常孕育在再坚持一下的努力之中。古时愚公移山,是一种伟大的坚持,科学家的发明创造也是一种伟大的坚持。法国杰出的生物学家巴斯德有句名言:"我唯一的力量就是我的坚持精神。"不少人在前进的道路上,本来只要再多努力一些,再忍耐一些,就可以取得成功,但却放弃了,结果与即将到手的成功失之交臂。只有经得起风吹雨打,在各种困难和挫折面前永不放弃的人,才有可能获得成功。但是,在有的情况下,你已经付出了最大的努力,但却未取得理想的结果。这就需要认真考虑一下:如果是自己选定的目标、方向同自己的才能不相匹配,就需要勇敢地选择放弃,另辟蹊径,没有必要在一棵树上吊死。军事上有"打得赢就打,打不赢就跑"之说,明明知道不是敌人的对手,胜利无望,却硬要鸡蛋往石头上碰,白白去送死,不是太蠢了吗?这时最好的选择就是"打不赢就跑"。这不是怯懦,而是智者所为。

敢于放弃并不是毫不在乎,也不是随随便便,而是以平常心面对现实,既要抓住机遇,勤奋努力,又要放弃那些不切实际的幻想和难以实现的目标,做到不急躁、不抱怨、不强求、不悲观。人生在世,不可能没有追求、没有为之奋斗的目标。但是人生如果总是无休止地追求,而不知道放弃,对完全没有实现可能的目标仍然穷追不舍,结果不但会无端地浪费时间和精力,而且会因达不到预想目标而烦恼不堪,痛苦不已。正确的态度是:既要有所追求,又要有所放弃,该得到的得到,心安理得;不该得到的,或得不到的则主动放弃,毫不足惜。学会放弃,你就会告别因求之不得而带来的诸多烦恼和苦闷,就会丢掉那些压得你喘不过气来的沉重包袱,就会轻装前进,就会活得潇洒和滋润。

放弃不是消极避世,不是不思进取,不是斗志衰退,而是一种明智的选择,是另一种更实际、更科学、更合理的追求。

据说有一次,乾隆皇帝在殿试的时候,给举子们出了一个上联"烟锁池塘柳",要求对下联。一位举子想了一下,就直接说对不上来。另外的举子们都还在苦思冥想时，乾隆就直接点了那个回答说对不上的举子为状元。这是为什么？原来这个上联的五个字以"金木水火土"五行为偏旁，几乎可以说是绝对。第一个说放弃的考生肯定思维敏捷，很快就看出了其中的难度，而敢于说放弃，说明他有自知之明，不愿意把时间浪费在几乎不可能的事情上。

人的时间和精力都是有限的，不可能面面俱到地做好每一件事。想要得到一切的人，最终可能什么也不会得到。这位年轻人其实最想成为大学问家，只是没法摆脱自己争强好胜的心理，所以将自己的经历分散在许多领域。这样一心多用，又岂能真正成就其梦想呢？有一位学者曾说："放弃是智者对生活的明智选择，只有懂得何时放弃的人才会事事如鱼得水。"人生如演戏，每个人都是自己的导演，只有学会选择和懂得放弃的人才能创作出精彩的电影，拥有海阔天空的人生境界。

人与人的差别往往不在于面临的机遇的差别，而在于当它来临的时候，人们常有许多不同的选择方式：有的人会单纯地接受；有的人抱持怀疑的态度，站在一旁观望；有的人则倔犟得如同骡子一样，固执地不肯接受任何新的改变。而不同的选择，当然导致截然不同的结果。许多成功的契机，起初未必能让每个人都看得到深藏的潜力，而最初的抉择正确与否，往往更决定了你是成功还是失败。

两个贫苦的樵夫靠上山捡柴来维持生计，有一天他们在山里发现两大包棉花，两人喜出望外，棉花的价格高过柴薪数倍呢！将这两包棉花卖掉，所得的钱足可让家人一个月衣食无忧。当下两人各自背了一包棉花，便赶路回家。

走着走着，其中一名樵夫眼尖，看到山路上有着一大捆布，走近细看：竟是上等的细麻布，足足有十多匹。他喜出望外，和同伴商量，一同放下肩负的棉花，改背麻布回家。

他的同伴却有不同的想法，认为自己背着棉花已走了一大段路，到了这里才丢下棉花，岂不枉费自己先前的辛苦？于是坚持不愿换麻布。先前发现麻布的樵夫屡劝同伴不听，只得自己放弃背棉花，竭尽所能地背起麻

第十三章　舍弃博弈——果断放弃应该放弃的东西

布，继续前行。

又走了一段路后，背麻布的樵夫望见林中闪闪发光，待近前一看，地上竟然散落着数坛黄金，他心想这下真的发财了，赶忙邀同伴放下肩头的麻布及棉花，改用挑柴的扁担来挑黄金。他的同伴仍是那套不愿丢下棉花以免枉费辛苦的想法，并且怀疑那些黄金是假的，劝他不要白费力气，免得到头来一场空欢喜。

发现黄金的樵夫只好自己挑了两坛黄金，和背棉花的伙伴赶路回家。走到山下时，突然下了一场大雨，两人在空旷处被淋了个湿透。更不幸的是，背棉花的樵夫肩上的大包棉花，吸饱了雨水，重得完全无法再背得动，那樵夫不得已，只能丢下一路辛苦舍不得放弃的棉花，空着手和挑金的同伴回家去。

选择好前路的方向就像在海中航行，一个能看清方向的人就有如有灯光指引的航船，不会迷失在风中；选择好前路的方向就像在沙漠中摸索，一个能看清方向的人就有如掌握着指南针，不会被海市蜃楼所迷惑。人的一生，面临的选择很多，可走的路也很多，略微迟疑、犹豫不决、踟蹰不前，都会导致我们远远地落后于生命的轨迹，所以我们必须要看清方向，认准方向，方向找对了，就是一个成功的开始，而好的开始就是成功的一半。

博弈制胜

第十四章

爱情博弈——浪漫的爱情也是要动脑子的

　　在爱情的博弈里，要主动出击才能占据优势地位，获取佳人芳心。但在爱情向婚姻迈进的过程中，如何付出，付出多少，就要分析并采取一定的博弈术。即使这样，结婚后，是否能够带来预期的效用，还是有很大风险。

浪漫的爱情也需要博弈

对待爱情和婚姻，既不要给自己太大的期望值，也要适当遏制对方的期望。

在爱情里，男人总想找到属于自己的白雪公主，那个女孩一定要漂亮，而且要深爱着他。同样，女人也总想找到自己的白马王子，那个男孩一定要英俊潇洒，还要有绅士风度。可在现实的爱情里，我们都在感慨，为什么好男人总是少之又少？为什么好女人却总嫁不掉？为什么第三者的条件往往不如你优秀，却敢在你面前叫嚣？为什么一个好男人加一个好女人，却不能等于百年好和？

这些看起来无从回答的爱情难题，在博弈论里即可找到答案。

爱情博弈论，就是研究日常生活中，男男女女该如何才能找到能使自己幸福的另一半。

一个成功的好男人，身边定然少不了追逐他的女人。但是即便位列一等的好男人，也会留下机会给那些优秀的女人得到他，否则比尔·盖茨至今还应该单身，威廉王子也不会忙不迭地到处约会女朋友，一门心思替英国王室寻找最好的王妃！

贝克汉姆曾经也是情窦初开的腼腆少年。他曾经痛恨自己的拙嘴笨舌。因为在刚刚遇见如花似玉的"辣妹"维多利亚时，他不知道该如何表达自己对她的好感，只有在维多利亚去洗手间的时候，两次情不自禁地起身，才让维多利亚看出了他对自己的敬慕。接着，才有维多利亚巡回演出时，两个人隔着太平洋和七小时时差狂打越洋电话。电话的内容，简单无趣，只是讨论讨论同一轮月亮，为什么在两人眼睛里看起来却不大一样。

263

后来成为"贝太"的维多利亚不能忍受自己丈夫的花心，以及报纸上关于他的诸多花边新闻。在怀孕五个月的时候，因为小贝和一个三版女郎的不伦之恋，她抽小贝的耳光，直抽到他嘴角出血，但是最后，她还是把苦果独自咽了下去，因为她还想要声誉，想要孩子，想要这个能跟她联手，在时尚界立于不败之地的好搭档。

可以说在好感刚来的时候，是维多利亚的美貌和名声击败了小贝，但接着，就要靠维多利亚的智慧和伎俩，否则两个人的爱情，怎么能传奇到今天？

在爱情中，男人总是很容易背叛，因为男人是靠事业的，女人是靠美貌的，打动维多利亚的正是小贝的辉煌事业，而小贝恰恰是看上了维多利亚的美貌！在爱情博弈里，男人与女人的期望是不同的。根据不同的期望自然要选择不同的策略。

曾经，同为软件工程师的美琳达正在认真工作，突然接到比尔·盖茨的电话，电话里，盖茨有些羞怯地说："如果你愿意在下班之后跟我约会的话，请打开桌子上那盏湖蓝色的台灯。"原来，盖茨暗恋美琳达已经很久了，他们办公室的窗子正好相对，每当隔着窗子看见美琳达窈窕而忙碌的身影，盖茨就情难自禁。而美琳达对这个有着非凡智慧的年轻人，也是心仪已久。终于，在那天下班之后，湖蓝色的台灯在美琳达的桌子上发出脉脉的黄光，仿佛美琳达欲说还羞的心情。盖茨这个一代天才终究难逃美人关，而美琳达也深为盖茨的智慧折服。究其原因，男人的智慧可以给女人带来财富。女人需要的是享受，而男人则更需要女人的美丽，在某种意义上而言，男人需要的是欲望。因为在与美琳达约会前，盖茨已是出了名的问题少年。在哈佛读书的时候，他的一个重要兴趣，就是经常光顾以拥有大批脱衣舞俱乐部而闻名遐迩的波士顿珂姆贝特区。

此外，盖茨还与另一个女人保持一种特殊的"友谊"，女人叫安·温莱德，长盖茨九岁，两人同居过好几年，在 1987 年分手，当盖茨考虑迎娶美琳达时，甚至要打电话请求她同意。

作为盖茨的太太，美琳达必须同意自己的丈夫每年有一个星期的假期与他的前任女友在一起——比尔保证，他们只是坐在一起谈谈物理学和计算机。

除了这种情感方面的不愉快，美琳达还得忍受盖茨不讲个人卫生的陋习，他经常两三天不洗澡，要是坐飞机去开会，回到家来，用美琳达的话形容，身上准能散发出一股叫人掩鼻的异味。但这一切美琳达必须要忍受，因为盖茨是个成功的男人，而一个成功的男人所带来的金钱足以满足女人的一切愿望，如果美琳达在爱情里不懂得让步，那么她与盖茨的博弈就可能没有双赢的结果！因为他们按自己不同的期望选择着自己的策略。

但一个在事业上很有成就，或者一味追求"巾帼不让须眉"的女性，在选择自己的爱人时对男人的社会学本质——他的财富、地位就不会很在意了。因为她自己已经具备了这一切，所以这样的人往往很难结婚。

生活里往往有这样的现象，一个女人，她很优秀，比如所谓的三高：学历高，职位高，收入高；或者 3D：Divine（非凡的），Delicate（精致的），Delightful（令人愉快的）。在他人眼里，很完美，但就是在爱情上不如意，年龄不小了，还没有出嫁。或者失败过一次，就很难再重新开始。

伊拉克战争，让作为战地记者的闾丘露薇成为新闻人物。离了婚的她，对情感问题很谨慎。有媒体问她："假如你将来遇到很优秀的男士，你是否愿意放弃工作去做他背后的女人？"她很严肃地回答："我想说人是需要独立的，如果没有经济和思想上的独立，不可能平等地和另外一个人交流。我是危机感很强的人，对我来说，放弃一份工作，没有经济收入，做一个全职太太，人家不要你的时候怎么办？如果是爱我的人，应该尊重我的选择，因为人和人之间不是尝试改变，而是相互接纳，如果尝试改变一个人，我宁愿选择放弃。"

这让人想起她在接受另一家媒体采访时对自己离婚这件事的评价："可能是因为我长得太快了吧……"

像闾丘露薇这样的女人貌若天仙，腰缠万贯，给大众的感觉就是一个词——辉煌。在她们的爱情博弈中，男人们不免这么想：人家这么优秀，面前肯定有数不清的机会，哪里就轮到我了？

只具有生物学本质（外表）优秀的男人，很自卑，不敢追求明星，而只具有社会学本质的优秀男士往往对自己的生物学本质自卑，所以，往往很难碰到和自己的期望相符的。但爱情所提供给大家的不只是一种感觉，很多人之所以保持单身就是觉得单身状态效益最大，既可以享受不结婚的自由，又可以凭借自己的优势不断地享受爱情的感觉。

总之，在每个人的爱情博弈中，都一定要从自身实际出发，尽可能掌握对方更多的信息，在此基础上，才可能找到属于自己的幸福。

谁先动谁就更有主动

爱情里的规则是先动一方占据主动优势。

不管女方貌若天仙，还是男方英俊潇洒。作为爱情博弈中的你，不要因此而自惭形秽。只要你把握主动权，采取先动策略，率先表达出自己的爱意，那么就很可能获得对方的青睐。

据说当年的晴格格王艳因为太漂亮，从来没有男生敢去追求。最后一个商人第一次跟她表白了爱意，王艳就嫁给了他，也就是她现在的丈夫。有一个男孩非常喜欢一个女孩，但是他就是把感情藏在心里，不敢说出口，后来另一个男孩子先说了，结果女孩就和那个先表达爱意的男孩谈恋爱了，那个男孩后悔不已。因为他没有遵循发情里的规则，即采取先动策略。

如果看《诺丁山》到三分之二时，你还没有热泪盈眶，那你一定还没有真正渴望过爱情。

大牌影星安娜·斯科特走进伦敦诺丁山一家小书店，一杯橙汁使离婚后爱情生活一直空白的威廉·塞克意外地得到了安娜的吻，两人相爱了。

然而威廉·塞克是一个羞涩的男人，或者说是一个不懂得主动的男人。

女主角只能主动，第一次去他家里，出门后又回来；在车站再次邂逅，她邀请他去自己家里；后来为躲避记者跟踪、她到他家里过夜，也是她主动走到他的床边，后来因为前男友的介入，她和他有了误会，到最后，也是她主动上门要求重修旧好……

那个憨厚纯良的男人，或许觉得这种幸福是不真实的，就那么一次次缺乏着爱的勇气，就那么一次次躲避着爱情的大驾光临。

所以，那些看电影到三分之二时，禁不住热泪盈眶的观众，一定是理解了女主角心里的温柔和焦急：主动、我得主动，否则我的爱情就要不翼而飞了。或许我们在生活里也有这样的经历，自己心爱的那个人，仿佛永远不知道自己在渴望什么，就那么傻愣愣地在一旁观望自己的爱情，像局外人一样不敢介入。

经济学里的"先动优势"，是指在一个博弈行为中，先行动者往往比后行动者占有优势，从而获得更多的收益。也就是说，第一个到达海边的人可以得到牡蛎，而第二个人得到的只是贝壳。或许你可以把它理解为先下手为强，比如，第一个对你说"我爱你"的人，总是比之后的其他追求你的人让你印象深刻，哪怕你那时候只是和他在大学校园里拉了拉手、散了散步，到很老的时候，你也不会忘记他。

但是在爱情中，"先动优势"往往会形成惯性，你主动了第一次，以后就得永远主动下去，你爱的那个人，仿佛已经习惯了什么事情都由你发起，或许个性使然，也或许习惯使然。

共鸣和分享式的爱情才会有持久的生命力，当在一场恋爱当中，你发现对方只是一个道具，而这个爱情故事基本是你一个人在拼命流泪流汗唱独角戏，这是多么遗憾的事情。

所以，在爱情里，要耍一点小伎俩，先动了，有了优势的时候，不如把脚步放慢，让对方跟上来，两个人步调一致了，爱情才能经营得好。

《诺丁山》的结局，威廉·塞克鼓起勇气，直闯了记者会，关键时刻向心上人表达了自己的心声，赢得美人归，这就是进步。

在爱情博弈中，先表白，采取主动是追求恋人最好的策略。

❧ 爱情里的"麦穗理论" ❧

对于伴侣的选择，乃是人生中最重要的事，特别是女性，婚姻无异于女人的第二次生命。俗话说得好：男怕入错行，女怕嫁错郎。因此，女性朋友在择偶时必须慎之又慎，学会用博弈论来指导自己的择夫行为。

西方的择偶观里有著名的"麦穗理论"，是说我们寻找伴侣时如同走进了一个麦田，一路有麦穗向我们招手，很多人不知道摘取哪一棵，因而就会有踌躇和彷徨、遗憾和悲伤。而正常人再花心，他或她也得选择一个人来陪伴自己的旅程。当然并不排除有极少数人会在短短的一生里一换再换。

"麦穗理论"来源于这样一个故事。历史伟大的思想家、哲学家柏拉图问老师苏格拉底什么是爱情？老师就让他先到麦田里去摘一棵全麦田里最大最金黄的麦穗来，只能摘一次，并且只可向前走，不能回头。

柏拉图于是按照老师说的去做了。结果他两手空空地走出了麦田。老师问他为什么没摘？他说："因为只能摘一次，又不能走回头路，其间即使见到最大最金黄的，因为不知前面是否有更好的，所以没有摘；走到前面时，又发觉总不及之前见到的好，原来最大最金黄的麦穗早已错过了；于是我什么也没摘。"

老师说："这就是爱情。"

之后又有一天，柏拉图问他的老师什么是婚姻，他的老师就叫他先到树林里，砍下一棵全树林最大、最茂盛、最适合放在家做圣诞树的树。其间同样只能砍一次，以及同样只可以向前走，不能回头。

柏拉图于是照着老师说的话做。这次，他带了一棵普普通通，不是很茂盛，亦不算太差的树回来。老师问他："怎么带这棵普普通通的树回来？"他说："有了上一次的经验，当我走到大半路程还两手空空时，看到这棵树也不太差，便砍下来，免得最后又什么也带不回来。"

老师说："这就是婚姻！"

可见，完美的爱情和婚姻是很难得到的，大多数人只是处于凑合的状态。真正找到合适的伴侣的概率是很小的。

不妨假设有20个合适的单身男子都有意追求某个女孩，这个女孩的任务就是，从他们当中挑选最好的一位作为结婚对象，决定跟谁结婚。从这20个里面选出最好的一个并非易事，该怎么做才能争取到这个结果？

首先，要考虑的是对对方真实性格、人品的判断。约会时，男女双方一开始都是展示自己的优点，掩盖自己的不足。当然，他们都想了解对方的一切，不管是优点还是缺点。对于一个女孩来说，男朋友赠送的花是相对廉价的，而贵重的钻石、金表、项链等礼物也许更能代表一个人的真心。正如有句话说："一个男人爱一个女人有多深，就会为她掏出多少钞票。"这是一个人乐意为你奉献多少的可靠证明。然而，礼物值多少"钱"对于不同的人是有差异的。对一个亿万身价的有钱人来说，送上一颗名贵钻石可能比带你游山玩水的价值要低得多。反之，一个穷小子，花了大量时间辛勤工作，买上一颗钻石的价值就要高得多。

你也应当意识到，你的约会对象同样会对你的行为挑剔一番。因此你得采取能真正代表你具有高素质的行为，而不是谁都学得来的那些行为。

其次，要考虑的是选择什么样的方法来筛选出比较合适的异性。很明显，最好的方法是和这20个人都接触一遍，了解每个人的情况，经过筛选，找出那个最适合的人。然而在现实生活中，一个人的精力是有限的，不可能花大把的时间去和每个人都交往。不妨假定更加严格的条件：每个人只能约会一次，而且只能一次性选择放弃或接受，一旦选中结婚对象，就没有机会再约会别人。那么最好的选择方法存不存在呢？事实上是存在的。

不如我们来模拟一下。显然，你不应该选择第一个遇到的人，因为他是最适合者的概率只有 1/20。这个概率可以说是非常的渺茫，直接把筹码放在第一个人身上，也是最糟的赌注。同样的，后面的人情况都相同，每个人都只有 1/20 的概率可能是 20 个人当中的最适合者。

可以将所有的追求者分成组（比如分成 5 组，每组 4 人）。首先从第一组中开始选择，在第一组中每一个男性都约会，但并不选择第一组中的男性，即使他再优秀、再完美都要选择放弃。因为，最合适的对象在第一组中存在的概率不过 1/5。

如果以后遇到比这组人更好的对象，就嫁给这个人。当然这种方法像"麦穗理论"一样，并不能保证选择出的是最饱满最美丽的麦穗，但却能选择出比较大、比较美丽的麦穗。无论是选择爱情、事业、婚姻、朋友，最优结果只可能在理论上存在。不把追求最佳人选作为最大目标，而是设法避免挑到最差的人选。这种规避风险的观念，对我们在作人生选择时非常有用。

爱情里的优势策略

在爱情里虽然经常看到那些恐龙配帅哥，青蛙配美女的情况，我们知道这是由于逆向选择造成的，是由于信息的不对称造成的，但到底是什么造成了信息不对称呢？这就是在爱情中处于劣势的一方选择了优势策略，从而使自己获得了佳人或帅哥的芳心。

欧·亨利的小说《麦吉的礼物》描述了这样一个爱情故事。新婚不久的妻子和丈夫，很是穷困潦倒。除了妻子那一头美丽的金色长发，丈夫那一只祖传的金怀表，便再也没有什么东西可以让他们引以为傲了。虽然生活很累很苦，他们却彼此相爱至深，关心对方都胜过关心自己。为了促进对方的利益，他们愿意奉献和牺牲自己的一切。

圣诞节就快到了，但两个人都没有钱赠送对方礼物，即使这样两个人还是决定赠送对方礼物。丈夫卖掉了心爱的怀表，买了一套漂亮发卡，去配妻子那一头金色长发。妻子剪掉心爱的长发，拿去卖钱，为丈夫的怀表买了表链和表袋。

最后，到了交换礼物的时刻，他们无可奈何地发现，自己如此珍视的东西，对方已作为礼物的代价而出卖了。花了惨痛代价换回的东西，竟成了无用之物。出于无私爱心的利他主义行为，结果却使得双方的利益同时受损。

欧·亨利在小说中写道："聪明的人，送礼自然也很聪明。大约都是用自己有余的事物，来交换送礼的好处。然而，我讲的这个平平淡淡的故事里，主人公却是笨到极点，为了彼此，白白牺牲了他们最珍贵的财富。"

从这段文字看，欧·亨利似乎并不认为这小两口是理性的。如果我们抛开爱情，假定每个人都有一个专门为别人谋幸福的偏好系统。这样，个人选择付出还是不付出，只看对方能不能得益，与自己是否受损无关。以这样的偏好来衡量，最好的结果自然是自己付出而对方不付出，对方收益增大；次好的结果是大家都不付出，对方不得益也不牺牲，再次的结果是大家都付出，都牺牲；最坏的结果是别人付出而自己不付出，靠牺牲别人来使自己得益。我们不妨用数字来代表个人对这四种结果的评价：第一种结果给 3 分，第二种结果给 2 分，第三种结果给 1 分，第四种结果给 0 分。

不难看出，无论对方选择付出，还是选择不付出，自己的最佳选择都是付出。然而这并不是对大家都有利的选择。事实上，大家都选择不付出，明显优于大家都选择付出的境况。

实际上，这里的例子有一个占优策略均衡。通俗地说，在占优策略均衡中，不论所有其他参与人选择什么策略，一个参与人的占优策略就是他的最优策略。显然，这一策略一定是所有其他参与人选择某一特定策略时

博弈制胜术

第十四章　爱情博弈——浪漫的爱情也是要动脑子的

271

该参与人的占优策略。

因此，占优策略均衡一定是纳什均衡。在这个例子中，不剪掉金发对于妻子来说是一个优势策略，也就是说妻子不付出，丈夫不管选择什么策略，妻子所得的结果都好于丈夫。同理，丈夫不卖掉怀表对于丈夫来说也是一个优势策略。

在博弈中，其实，一方采用优势策略在对方采取任何策略时，总能够显示出优势。

婚姻是不可预期的

现在，越来越多的男女倾向于这样一种观点：爱情和婚姻不是一回事。爱情，往往意味着甜蜜，选择婚姻却是一场赌博。

和什么人过一辈子，选择了，也就认命了，不管是男人还是女人，结婚也就意味着你必须和他或她走完漫漫的人生旅途。但选择谁呢？在选择之前，我们每个人都对婚姻充满着无限的渴望，选择后也许如我们所愿，也许就跌入了万丈深渊。因为人生路漫漫，不可预期的事情太多，而且就人而言，结婚前和结婚后是绝对不一样的。下面的例子正好说明了婚姻的不确定性与不可预知性。

他和她很早就认识，一个是车工，一个是厂花。喜欢她的男人很多，每天都有人给她打好饭，看着她吃。他清贫，也没什么背景，因此有些自卑。他只能在一个角落里偷偷地看她。其实，她在心里早就喜欢他，只是他不知道。他虽是车工，却很懂文艺。每逢厂里排戏，都是由他编本子。在厂庆的晚会彩排上，她演他的本子，说他的台词。后来，他们就在一起了。结婚，生孩子，像大多数恋爱的男女一样，有了一个好结果。

故事却没有完。他们第二个孩子降生时，他对她说，想去拍电影。她知道，这些年来，他一直没有断了去拍戏的念头。考虑再三，她还是冒着风险支持他。

他辞掉工作，拿走家里全部的积蓄，甚至借了些钱，他跑到北京，开始另一番创业。先是两年的理论学习，后来开始在剧组里打杂。那些日子，不用说，家里很困难。她一个人撑下来，渐渐地，脸色黄下来，秀美的脸被愁容掩盖。她几乎与外界隔绝，无暇读书、看电视，生活里除了两个急需照看的孩子之外，就是远在他乡，给她帮不上一点忙的他。

他偶尔给她打电话，她总说，电话费好贵的，不如省下来买火车票。其实，她是希望见他的。二十二年的光阴一晃而过，他们已到中年。

她把孩子带大，用自己的美丽、健康，换得孩子的幸福。他呢？拍了好几部电影。他成功了，他拍的片子得到了认可，并且，在国外连连获奖。这些，她当然知道。每当认识的朋友看到他拍的电影，而向她祝贺并询问他的情况时，她就会无限骄傲。

只是，他更忙。一年中，她偶尔可以见他一两次，每次都短短三五天。

相比剧组里年轻的女演员来说，她早成了黄脸婆。而且，现在的女孩子，为了能出名，什么都放得开。

外面的世界充满诱惑，过去的生活如此无趣。他终于迎向了更蓝更广阔的天空，向她提出了离婚的请求。

她流着泪问他："为什么？"

他说："因为我们没有相爱的理由。"

她原不知道，婚姻是一场漫长的考验。不是这时这刻的相爱，就能代表一生一世。世界会变，人也会变。两个从苦日子走过来的人，并不一定能同时面对生活的甘美。婚姻的不确定性很大，婚前的甜言蜜语、海誓山盟并不代表婚后一定是幸福的，这个女子的丈夫在功成名就后变心，虽然给她造成了打击，但她毕竟有过一段时间的美好期盼，而有的婚姻刚刚开始就露出了魔鬼的狰狞。

有一个丧心病狂的男人，在没得到女人之前，百般献媚；结婚后，不顺他意，便大打出手，更为恶劣的是在女人的脸上和身上刺字，话语肮脏下流。他一共结了两次婚，残害了两个女人，第一个妻子，除身上刺字外，多年后，满脸的刺青依然清晰可见，惨不忍睹；第二个妻子全身上下共刺了三百多个字，需要两年的时间才能彻底清除。他对付这两个女人的手段和伎俩，如出一辙，那就是不许报案，否则将灭其全家。这两个女人最初的忍让没有换来罪犯丝毫的怜悯，她们都是在走投无路的情况之下，在罪犯大意的时候，偷偷逃跑的。前一个软弱的女人为了不累及家人选择了忍气吞声，只有第二个女人在家人的支持下，勇敢地站了出来，至此这一切才真相大白，当然罪犯被判处死刑，缓期两个月执行，剥夺政治权利终身。他得到了应有的惩罚，但是却在两个女人的身上和心里留下了不可磨灭的创伤。

这两个女人结婚前，谁也没想到他是这样一个恶徒，而结婚以后，不但没得到幸福，却身陷囹圄，甚至毁了一生。

婚姻是不可预期的，就像赌博一样。当你真正走进婚姻，会发觉婚姻不只是围城，甚至是牢笼，进去的想出来。很少有婚姻能达到双方的预期，因为婚姻总是不可预期的。想达到真正的幸福就要学会抗和忍。用抗来遏制对方的预期，用忍来减少自己的预期。